21世纪高等学校数字媒体艺术专业规划教材

UI设计与应用

吕云翔 宋任飞 白甲兴 编著

清华大学出版社
北京

内容简介

本书从软件工程和软件开发者的角度出发，综合介绍了用户界面设计的基础知识以及用户界面设计在实践中的具体应用。第1章～第3章为基础知识，包括用户界面设计的若干基本概念以及用户界面的发展历史；第4章为用户界面设计概述，介绍了在进行界面设计时需要遵循的重要原则和需要考虑的重要因素；第5章～第9章分别介绍了窗口、菜单及其他控件的设计要素，以及平台移植和国际化方面的内容；第10章则以两个实例总结概括了全书所介绍的知识。

本书内容丰富，深入浅出，在满足软件开发人员和软件设计人员的实际需求的基础上，选择了部分在行业内具有广泛应用领域的内容，使得本书既可作为高等院校计算机相关专业"用户界面设计"课程的教材或教学参考书，也可作为非计算机专业的学生及广大计算机爱好者的参考书。

图书在版编目(CIP)数据

UI设计与应用/吕云翔等编著. —北京：清华大学出版社，2017 (2020.7 重印)
(21世纪高等学校数字媒体艺术专业规划教材)
ISBN 978-7-302-45145-7

Ⅰ. ①U…　Ⅱ. ①吕…　Ⅲ. ①人机界面－程序设计　Ⅳ. ①TP311.1

中国版本图书馆CIP数据核字(2016)第233003号

责任编辑：魏江江　王冰飞
封面设计：常雪影
责任校对：李建庄
责任印制：沈　露

出版发行：清华大学出版社
网　　址：http://www.tup.com.cn，http://www.wqbook.com
地　　址：北京清华大学学研大厦A座　**邮　　编**：100084
社 总 机：010-62770175　**邮　　购**：010-62786544
投稿与读者服务：010-62776969，c-service@tup.tsinghua.edu.cn
质量反馈：010-62772015，zhiliang@tup.tsinghua.edu.cn
课件下载：http://www.tup.com.cn，010-62795954
印 装 者：北京嘉实印刷有限公司
经　　销：全国新华书店
开　　本：185mm×260mm　**印　　张**：8.25　**字　　数**：201千字
版　　次：2017年4月第1版　**印　　次**：2020年7月第6次印刷
印　　数：4501～5500
定　　价：35.00元

产品编号：065257-01

前言

Preface

用户界面设计一直是软件开发工作中的重要一环。一个设计美观、布局合理、符合用户心理预期的软件界面能够大大提升用户的使用体验；相反，没人喜欢使用复杂、晦涩、难以掌握的应用程序。如果用户在使用一个软件过程中的体验不佳(例如过小的文字、烦琐的操作流程、不合理的交互方式、难看的用户界面)，他们很可能会放弃使用该软件，而无论该软件的功能多么强大。

为获得良好的可用性，在设计和开发的每个步骤和每一轮迭代中，开发人员都应该将软件的目标用户作为核心，在实际使用环境中，以真实用户的需求、偏好和习惯为导向，对产品的设计进行不断优化。

在满足界面设计对软件开发者的基本要求的基础上，本书在深度、广度上都有所提高。在论述中，书中精选了一些既具有理论意义又具有现实应用场景的具体例子，可供读者作为参考。本书各章均配置了少量的开放性习题，供读者全面回顾和复习相应章节的内容。

本书的第 1 章，初看用户界面与用户界面设计，通过生活中的示例引入用户界面的基本概念，帮助读者进入用户设计的世界。

本书的第 2 章，用户界面设计与软件工程，讲述用户界面设计在整个软件的制造过程中扮演的角色，并讲解软件工程的部分知识。

本书的第 3 章，用户界面的发展历史，分别从两个方面讲述用户界面设计在发展过程中的风格变迁。

本书的第 4 章，界面设计概述，主要讲述用户界面设计的基础方法，让读者能真正开始进行简单的设计和思考。

本书的第 5 章，窗口，开始讲述用户界面设计中最常用的结构，并介绍了使用窗口进行设计时需要考虑的问题。

本书的第 6 章，统揽功能布局：菜单，讲述所有图形化组件中最为特殊的控件：菜单，并讲述设计的功能美在图形化组件上的表现。

本书的第 7 章，控件和视图设计要素，开始展开讲述各种在设计过程中使用到的控件逻辑，以及设计控件时可能遇到的问题。

本书的第 8 章，平台移植，讲述当设计的平台从 PC 平台转移到移动平台或网页平台时需要注意的事项。

本书的第 9 章，国际化和本地化，讲述如何扩展软件的用户界面，使之易于面向更广的地区发布。

本书的第 10 章，用户界面设计示例，利用企业邮件分发系统与读书分享系统两个软件设计工程的示例，向读者展示如何将之前的知识综合运用在设计过程中。

本书既可作为高等院校计算机相关专业“用户界面设计”课程专业的教材或教学参考书，也可作为非计算机专业的学生及广大计算机爱好者的参考书。限于水平，书中难免存在缺点或不足，欢迎专家和读者批评指正(yunxianglu@hotmail.com)。

编　者

2017 年 1 月

目录

Contents

第1章 初看用户界面与用户界面设计

第2章 用户界面设计与软件工程

第 3 章

用户界面的发展历史

第 4 章

界面设计概述

第 5 章

窗口

第 6 章

统揽功能布局：菜单

第 7 章

控件和视图设计要素

第 8 章

平台移植

第 9 章

国际化和本地化

第 10 章

用户界面设计示例

第1章

初看用户界面与用户界面设计

初听用户界面一词，很多人可能会觉得陌生，不理解这个词究竟指代什么，甚至认为这可能是一门高深的学问，不愿意一窥这门学问的神秘面容。实际上，这都是高看它了。用户界面既不神秘，也不高深，甚至在使用软件的过程中无处不在。

从这个概念诞生的时候起，许多相关工作者都曾尝试给用户界面一个定义。在此，首先对用户界面进行一个粗浅的说明。

“用户界面(User Interface，简称 UI，亦称用户接口)是系统和用户之间进行交互和信息交换的媒介，它实现信息的内部形式与人类可以接受形式之间的转换。”

这是用户界面的一种定义。听上去似乎很难理解，请阅读之后的例子，它给出了一种详细易懂的解释。

1.1 用户界面无处不在

在如图 1-1 所示的生活场景中，用户都使用了用户界面。

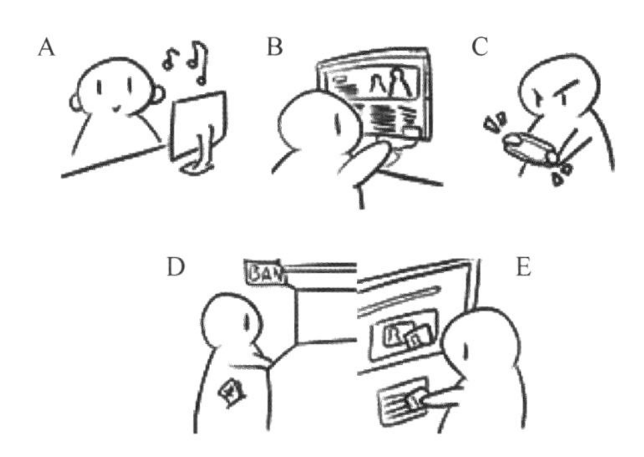

图 1-1　生活中使用用户界面的场景

Ⓐ 打开音乐播放器，选择了一首喜欢的歌，并调节音量。

Ⓑ 打开浏览器上网，在网页上浏览新闻。

C 玩了一款新游戏。

D 来到银行，在柜员机上插入银行卡并输入密码，选择“取款”，输入金额。之后，他从柜员机中取出了1000元。

E 赶到火车站，用身份证在自助取票机上刷卡，获得了之前网上订购的车票。

从上面的例子，我们可以看出，使用者与系统之间进行了某些信息交流。例如：使用者告诉系统自己喜欢的歌曲，使用者插入了银行卡并输入密码，使用者输入了想看的网站网址等。而系统也反馈给了使用者一些信息。例如使用者所听的歌曲音乐，从取款机取出的金钱，以及显示在网页上的新闻。

同时，这种交流是用户可以接受的。用户并不能直接与机器的硬件交流，但是通过使用软件或操作面板，使得用户得以完成自己想要的操作。

而完成这个交流任务的媒介便是用户界面。比如音乐播放软件的界面是用户界面，网页的前端是用户界面，游戏的显示是用户界面，柜员机的操作面板是用户界面，自助取票机的操作系统也是用户界面。

结合定义，下面给出用户界面的两个要点。

1 信息交换的媒介

意即，信息系统通过这个用户界面，将信息传递给用户。用户也要通过这个界面，把指令传递给系统。进行信息交换是用户使用用户界面的根本目的。用户界面要以满足用户和系统进行信息交换的需要为根本目标。

2 人类可以接受

用户不需要经过特殊训练就能运用。意即，使用用户能读懂的语言、采用用户习惯的操作方式、提供合适的暗示含义以及适当的操作引导，使得用户通过与用户界面本身互动，即可了解、习惯并操作。

因此，用户界面并不高深，凡是我们操作机器的部分，便有用户界面存在。凡是我们接收信息的部分，也有用户界面存在。可以说，用户界面无处不在。

在此扩充用户界面的概念，给出一种广义的人机界面（human-machine interface）概念。

在人机系统模型中，人与机器之间存在一个相互作用的‘界面’，称为人机界面。人与机器之间的信息交流和控制活动发生在人机界面上。机器上的信息通过人机界面作用于机器之外的环境，人通过视觉、听觉等感官来接收来自人机界面的信息，经过大脑的加工与决策，做出反应，再通过人机界面传递指令，实现信息的双向沟通。研究人机界面主要研究显示与控制两个问题。”

小贴士

软件一般分为前端和后端，前端是指直接与用户相关联的部分，如图 1-2 所示的控件界面。网页是一个十分标准的前端，如图 1-3 所示，因此网页设计在很大程度上要借助用户界面的知识。同时，网页也有自己有别于桌面应用程序的特点。在之后的章节中，将学习到如何把我们在本书中所学的用户界面知识应用到网页设计中去。

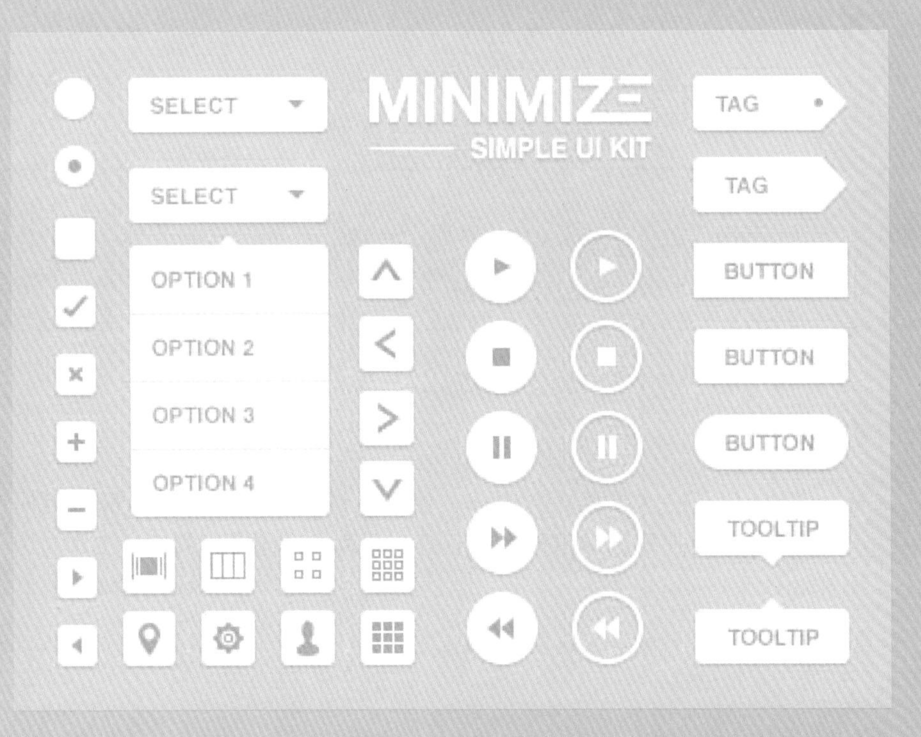

图 1-2　某用户界面控件设计图

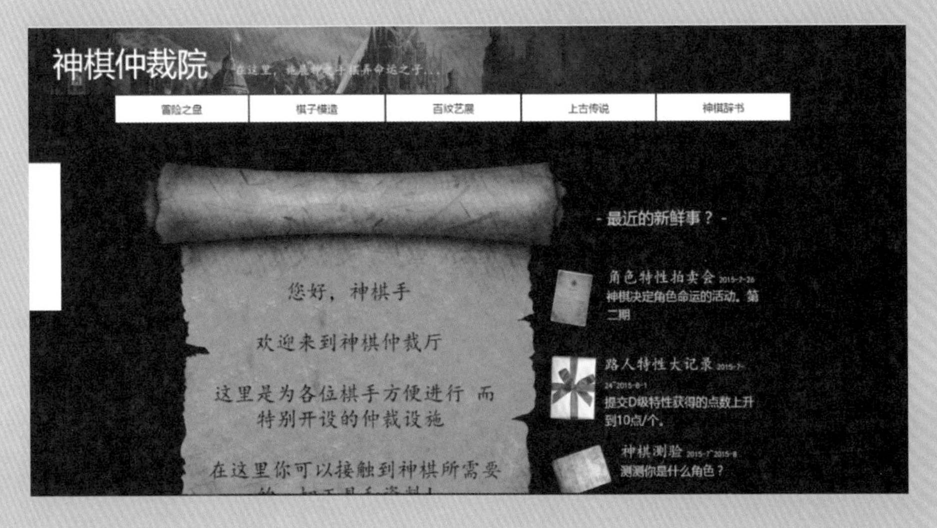

图 1-3　某桌面游戏网页工具的主页

1.2 用户界面设计基础

至此，希望读者对用户界面已经有了一个初步的概念。接下来将介绍用户界面设计的基础知识。

1.2.1 用户界面设计的基本概念

随着产品屏幕操作的不断普及，用户界面已经融入我们的日常生活。一个良好设计的用户界面，可以大大提高工作效率，使用户从中获得乐趣，减少由于界面问题而造成的用户咨询与投诉，减轻客户服务的压力，减少售后服务的成本。因此，用户界面设计对于任何产品/服务都极其重要。

在此对用户界面设计给出一种简单的说明。

“用户界面设计是以人为中心，使产品达到简单使用和愉悦使用的设计。也就是使用户界面向着符合规范的、正确的方向接近的设计工作。”

那么用户界面设计究竟有多重要？我们试想，用户界面设计如果出现疏忽，可能会导致如图 1-4 所示的种种情形。

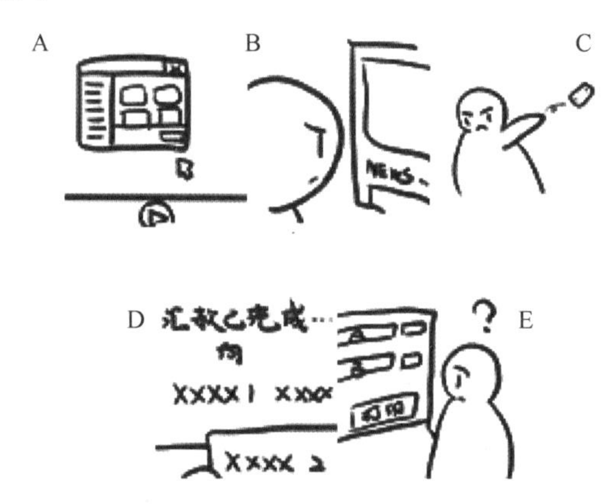

图 1-4　生活中用户界面使用不当的情景

Ⓐ 想听以前听过的歌，但是因为没有历史记录，A 只能通过复杂的文件寻址操作添加音乐。

Ⓑ 想浏览新闻，但是网页上新闻格占的比例很小，字体模糊不清。

Ⓒ 在玩游戏，游戏的操作不能及时反应，C 很快失去了兴趣。

Ⓓ 去银行汇款时，失误导致输错一位汇款人账号，系统没有要求他重新输入便完成汇

款，D的钱汇给了错误的人。

E 要取火车票，但是界面上没有显示两张票的日期，E随便取了一张，但是检票时发现票拿错了。

这就表示用户界面需要经过良好的设计才能发挥其提高工作效率、方便人类使用的作用，因此，从业者需要学习必要的用户界面设计知识，设计工作需要符合一定的基本原则。

1.2.2 用户界面设计的基本原则

对于用户界面设计基本原则，在发展和实践的过程中有不同的说法，在此选择其中几种加以说明。

1 设计个性化

现代软件的用户界面设计已经从功能主义走向了多元化和个性化。在设计上要求满足人们的审美和感知，使整个画面空间生动、逼真、耐看。用户界面设计不得照搬已有的设计产品，需要有自己的改造之处。

2 界面简洁、易懂

良好的软件用户界面设计要求界面直观、简洁易懂。用户接触软件后对界面上的功能一目了然，不需要过多培训就能掌握整个软件。复杂、难看的软件用户界面会使用户对整个软件产品产生排斥心理。

3 协调一致性

整个软件用户界面的设计应该保持界面的协调一致性，包括使用标准的控件，使用相同的表现方法等。例如，在字体、色彩、图标、分辨率等方面应使用统一和便于用户理解和识别的表现方式。

4 布局合理化

应注意一个窗口内所有控件布局和信息组织的艺术性，使用户界面美观、合理。例如，软件用户界面的布局一般顶部为导航栏，左边为下拉菜单栏，设计时应充分考虑这些布局，不能放太多的导航项目于顶部，也不能把所有的功能都放在下拉菜单下面，下拉菜单的级数最好不超过4级；在同一个窗口中按Tab键，移动的顺序不能杂乱无章，一般为从上到下，再从左到右；同一屏中首先应输入的和重要信息的控件在Tab键顺序中应靠前，位置也应放在窗口较醒目的地方，布局力求有序、明了、易于操作。

5 系统响应时间快

系统响应时间包括时间长度和时间易变性两方面。系统响应时间应该适中，过快会导致用户的操作节奏加快，容易导致操作错误；过慢会延长用户等待时间，影响运行效率。系统响应时间的易变性是指相对于平均响应时间的偏差，即使响应时间比较长，较低的响应时间易变性也有助于用户建立稳定的操作节奏。

6 提示信息完整

提示信息主要指成功信息、出错信息和警告信息。一般情况下，提示信息应以用户可以理解的术语描述。成功信息是指，用户操作得出结果之后提醒用户继续操作或者结束流程，而出错信息则是告诉用户刚才的操作失败并说明失败原因，警告信息要指出接下来的操作可能会导致何种不良后果。信息应伴有视觉上的提示，如特殊的图像、颜色或信息闪烁；信息不能带有判断色彩，即任何情况下都不能指责用户。

7 交互设计人性化

交互设计的人性化是指交互设计应该充分考虑到不同用户的需求，具体可以体现在以下几个方面：菜单选择、数据显示及其他功能都应使用一致的格式；提供有意义的反馈信息；执行有较大破坏性的动作前要求用户予以确定，如提示“你肯定”、“真的要”；在数据输入上允许取消大多数操作；减少动作间必须记忆的信息数量；在对话、移动和思考中提高效率；允许用户非恶意错误，系统应该保护自己不受致命的破坏；按功能对动作分类，并按此排列屏幕布局；提供与语境相关的帮助机制。

8 信息显示原则

信息显示应注意：只显示与当前用户语境有关的信息；避免过多的数据，用便于用户迅速感知的方式表现信息提示；使用一致的标记、标准缩写和可预测的颜色；尽量使用简短的动词和动词短语来提示命令；使用窗口分隔控件分隔不同类型的信息；高效地使用显示器的显示空间。

9 数据输入原则

数据输入时应尽量减少用户输入动作的次数；维护信息显示和数据输入的一致性；对键盘和鼠标输入的灵活性提供支持；在当前动作的语境中使不合适的命令不起作用；让用户控制交流，用户可以跳过不必要的动作或改变所需动作的顺序，如果允许的话，可以在不退出系统的情况下从错误状态中恢复；为所有输入动作提供帮助；消除冗余的输入，可能的话提供默认值，绝不要让用户提供程序中可以提取或计算出来的信息。

习题

1. 列举出 5 个生活中常用的系统用户界面。
2. 举例说明你曾经遇到过的不好的用户界面设计。
3. 你认为习题 2 的例子中的设计应当如何改进？
4. 你认为用户界面设计对何种系统的影响较大？对何种系统的影响较小？

第2章

用户界面设计与软件工程

设计活动是基于一定的目的与流程的，它明确设计活动的最终方向，并保证设计活动的正确性和高效率。本章将介绍在软件工程过程中，用户界面设计参与的环节以及在这些环节中用户界面设计的工作环境如何，要做哪些工作，以及完成这些工作的方法。

2.1 需求分析

软件开发的过程需要的是完整、准确、清晰、具体的要求，例如某 ERP 系统的功能图如图 2-1 所示，将用户的原始需求描述整理为需求文档的过程称为需求分析。需求分析是软件工程中的重要工作，一般由专门的需求分析师完成，但用户很可能在此阶段产生模糊的需求，这些需求或多或少会和用户界面设计师的工作相关，而且进行设计时也需要考虑到用户已有的操作习惯，因此用户界面设计可以在此阶段关注需求的分析过程。

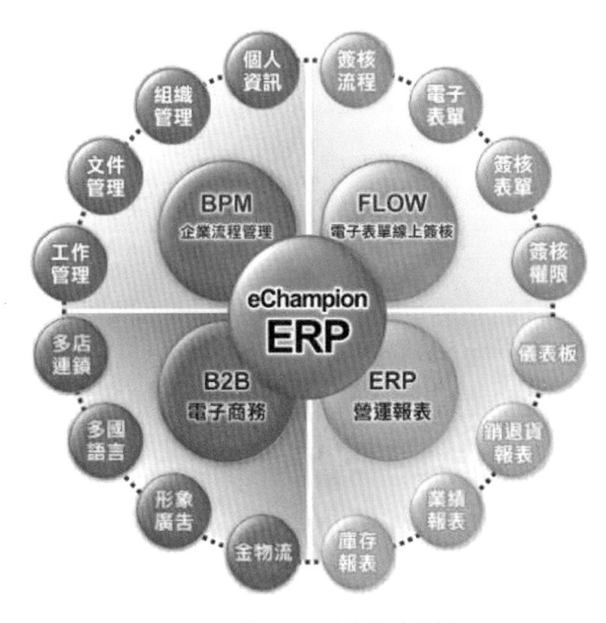

图 2-1　某 ERP 系统的功能图

2.1.1 有需求提出方

需求是软件工程的终极目标，它指的是项目的所有者或者使用者，对项目所要达到的功能、性能上的要求。一般而言，需求来自于用户的自然语言描述，通常具有不确定、描述模糊、容易改变的特点。因此，需要对需求做进一步的规范，形成需求文档，一方面帮助用户确定功能细节，另一方面也便于之后开发人员进行对照和验证。

2.1.2 没有需求提出方

如果团队要完成的是向市场投放的产品，那么系统的需求往往需要自己解决，例如从其他软件中提取或是市场调研部门的调研报告。要制作出能够满足用户需求的产品，首先自身必须对用户的潜在需求了解透彻。市场调研部门会根据类似产品功能、目标人群调研、模拟用户测试等多个途径尝试找出可能的需求并形成需求说明。

2.1.3 功能需求

功能需求是指描述用户希望本系统具有的功能。这反映了用户的业务流程，以及可能涉及的其他操作。功能需求大部分都需要界面配合，因此是用户界面设计者应当着重关注的参与过程。需求分析结束后，一般会使用用例规约表来描述系统的功能性需求。一张用例规约表如表 2-1 所示。

表 2-1 用例规约表示例

用 例 名 称	建立新岗位
用例编号	EX011-1
参与角色	管理员
前置条件	管理员已登录系统
用例说明	管理员创建新岗位
基本事件流	第 1 步，管理员请求新建岗位； 第 2 步，系统弹出岗位信息查询页面； 第 3 步，管理员选择“新建”选项； 第 4 步，系统弹出岗位信息页面； 第 5 步，管理员输入岗位信息，包括岗位名、部门、岗位职责，并选择“保存”选项； 第 6 步，系统保存新建岗位，并返回到岗位信息查询页面

续表

用例名称	建立新岗位
分支事件流	在第5步中，若管理员选择“取消”选项，系统返回到岗位信息查询页面； 在第5步中，若管理员输入的岗位信息不完整，例如某一项没有输入，则系统提示岗位信息不完整，请重新输入； 在第6步中，系统保存新建岗位信息时，发现系统中已经存在岗位名、部门相同的岗位信息，提示用户此岗位已经存在
异常事件流	在第6步中，系统保存新建岗位时出现系统故障，例如网络故障，数据库服务器故障，系统弹出系统异常页面，提示管理员保存失败
后置条件	岗位信息保存到数据库中，并在岗位信息查询页面显示出刚刚创建的岗位

其中，用例名称与用例编号主要是描述该表在记录中的代号；参与角色是指参与使用这个用例的用户在系统中扮演何种角色；前置条件是指要进行此用例需要符合的条件；用例说明是对此用例内容的简单描述；基本事件流，描述用户在进行此用例时所要经过的基本操作步骤；分支事件流则是对基本事件流的补充，描述在用户操作过程中可能发生的分支操作；异常事件流是指，如果操作中发生错误，系统将要如何处理；后置条件是指用例结束后对整个系统产生了什么样的影响，系统有何变化等。

2.1.4 非功能需求

对于软件系统来说，非功能性需求是指依据一些条件判断系统运作情形或其特性，而不是针对系统特定行为的需求。包括安全性、可靠性、可操作性、健壮性、易使用性、可维护性、可移植性、可重用性和可扩充性。对于用户界面设计人员来说，可操作性和易使用性是应当主要关注的非功能需求。这些非功能需求的保障通过界面设计和交互设计共同完成，这也影响到用户使用产品的“用户体验”，如图2-2所示。一般来说，非功能需求与目标用户密切相关。

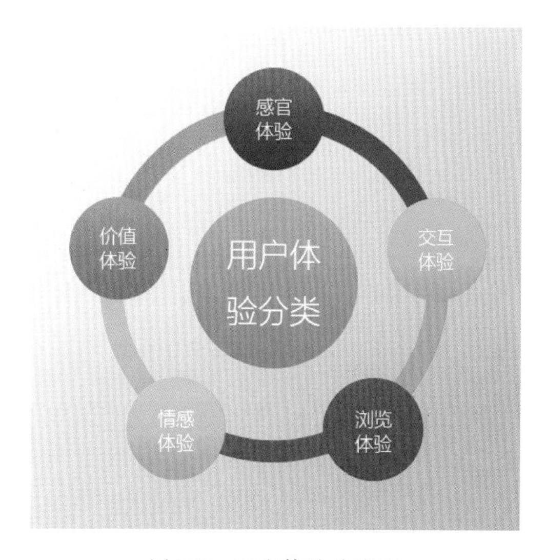

图2-2 用户体验分类图

小贴士	软件需求的获取是一门专业的工作。在软件工程的工作中，这项工作关系着系统的最终成果是否能达到用户的心理预期。有关软件的用户需求的部分，有兴趣可参阅软件工程相关的书籍。

2.2 原型设计

为了帮助用户更好地描述系统的需求，也为了用户界面设计师和用户沟通的准确性，需求分析阶段常常需要使用原型。原型可以概括地说是整个产品面市之前的一个框架设计，它注重于向用户展示系统所要执行的某一个方面，例如基本交互逻辑、界面布局、跳转逻辑、美术样式等。通过原型，用户应该了解到整个系统如何使用，而用户界面设计师也可以与用户讨论细节上的需求。

在原型阶段，用户界面设计需要将重心放在想表达的重点上，而暂时忽略其他方面的设计。

原型可以用多种形式表现，如草图、界面设计稿、原型交互等。图 2-3 是一个交互设计原型的例子。

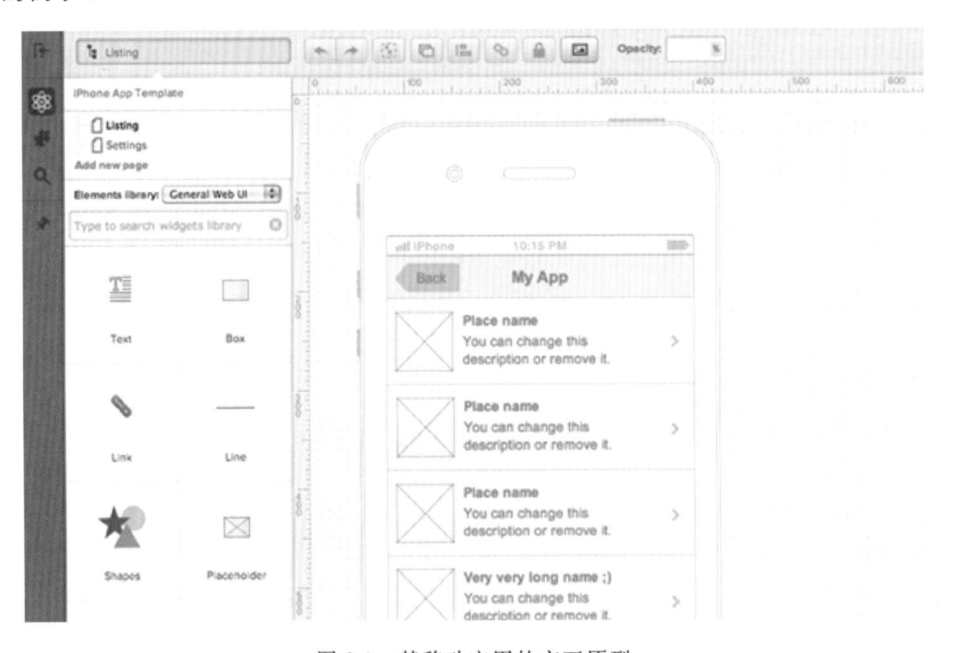

图 2-3 某移动应用的交互原型

小贴士	原型的概念最早来源于工业生产，是指在新产品研制过程中按设计图样制造的第一批供验证设计正确性的机械。常见行业如飞机、电脑、车床等都会采用原型机验证。在一定经济范围内，原型机的制造往往不计成本，优先使用最好的材料。

2.2.1 功能布局

功能布局是指为了体现产品功能而划分的布局，旨在表达产品的功能分布、使用逻辑与基本区域。因此功能布局并不拘泥于外观美的束缚，只要能将设计者的意图传达即可。在本阶段，首先可以按照常见的布局结构，例如，边栏式、分页式等，来构建系统的整体结构，之后将大致的功能区填入布局的各个部分。

由于界面设计通常是很难一蹴而就的，因此在界面设计初期，往往会产生多个可行的备选方案。之后，需要通过布局复杂度和布局统一度等度量标准来衡量这些备选方案的优劣，确定最终的布局样式。

在这个阶段，我们可以借助布局草图以及界面跳转图来帮助我们表达，如图 2-4 所示。布局草图需要画出界面大致的功能分区，以及各个分区的主要功能或内部布局。而界面跳转图需要标识各个界面之间的切换通过怎样的操作来完成，它们的顺序如何等。

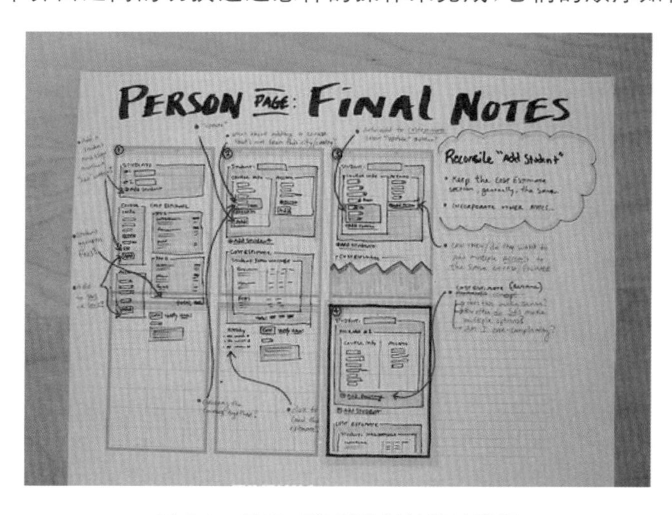

图 2-4 界面工程师进行的设计草图

2.2.2 交互目标

如果用户要使用系统来完成业务流程，那么这个系统必须要贴合我们的目标用户。因此，在进行交互设计时需要考虑我们的交互设计需要达到何种目标。

2.2.3 用户体验目标

用户常用的功能需要最快速被找到。用户常用的流程应该做好优化处理。用户要决定重大事项时理应收到警告和防错处理。这些在用户使用产品过程中得到的感受会组合成用户整体的使用体验。对用户体验的要求往往会因为用户的年龄、教育程度、使用习惯等诸多因素而产生变化，因此，用户体验目标必须注重于目标人群的特定需求。例如，对于经常使用电脑办公的办公室白领，他们可能热衷于使用大量的快捷键来高效完成任务；若是提供给中年或者老年人群，他们甚至不想去阅读使用说明书。

为了明确用户体验目标，需要确定目标人群，并对目标人群的使用习惯做调研。明确交互的用户体验目标，对之后进行交互设计具有非常重要的意义。

2.3 功能设计

在获得了详细而准确的需求说明之后，便可开始功能设计的工作了。在本阶段，用户界面设计师需要参与到流程设计与交互设计的环节中，通过设计系统的操作流程与交互细节，让软件开发工程师能以详细的说明文档为指导进行贴合需求的开发工作，以及为测试验收环节做好准备。

2.3.1 流程设计

流程设计是指设计产品的使用流程。这包括整体完成一件大型工作的步骤（工作流），又包括执行每个独立功能所要经过的操作。流程是把输入转化成用户价值相关的一系列活动。也就是说，用户通过向系统中输入，经过流程转化成对用户有价值的操作或者信息。好的流程能用尽量少的步骤为用户创造尽量多的有用信息和有价值的操作。因此，流程设计对系统整体的使用体验非常重要。要实现好的流程设计，设计者需要明确流程中最为关键的那些决策点，明确参与整个流程的角色，实现流程的可视化等。

2.3.2 交互细节设计

交互细节设计是指基于设计好的流程，根据目标用户人群的交互目标，对操作流程进行部分的优化与细节设定的工作。这些工作虽然不直接创造价值，但是往往能避免用户受到巨大损失。例如，在可能产生重大影响的操作项前着重提醒，让这些事项具有可挽回的措施等。

2.4 外观设计

外观设计是指对产品的视觉表现进行设计。此时主要考虑的是产品的美学特性以及对用户的舒适性。外观设计在功能布局与交互模型的基础上进行最终产品的视觉定义，为良

好的内容包装上最恰当的展示外观，吸引用户使用。

2.4.1　样式设计

样式设计是指对整体界面的风格和形状进行设计和搭配。一般来说，一套和谐而富有变化的整体样式需要一个“主旋律”来保持统一感，而不同组件和界面的变化往往起着发挥图形的暗示功能的作用。

2.4.2　配色方案

配色方案是指一整套具有统一风格和多种暗示效能的颜色组合。当设计者选取一套配色方案时，主体颜色用以适配目标用户的心理喜好，而不同的辅助颜色用于在整体风格中提醒用户不同的功能。例如较为醒目的颜色用于标识错误，对比度较浅、灰度较大的颜色标识不可用等。

配色方案需要选定一个主色调，然后将其衍生出来的其他颜色作为一种用途标示出来，配色方案可以按照功能来表示，也可以按照情景来表示。图 2-5 是一套以情景划分的配色方案。

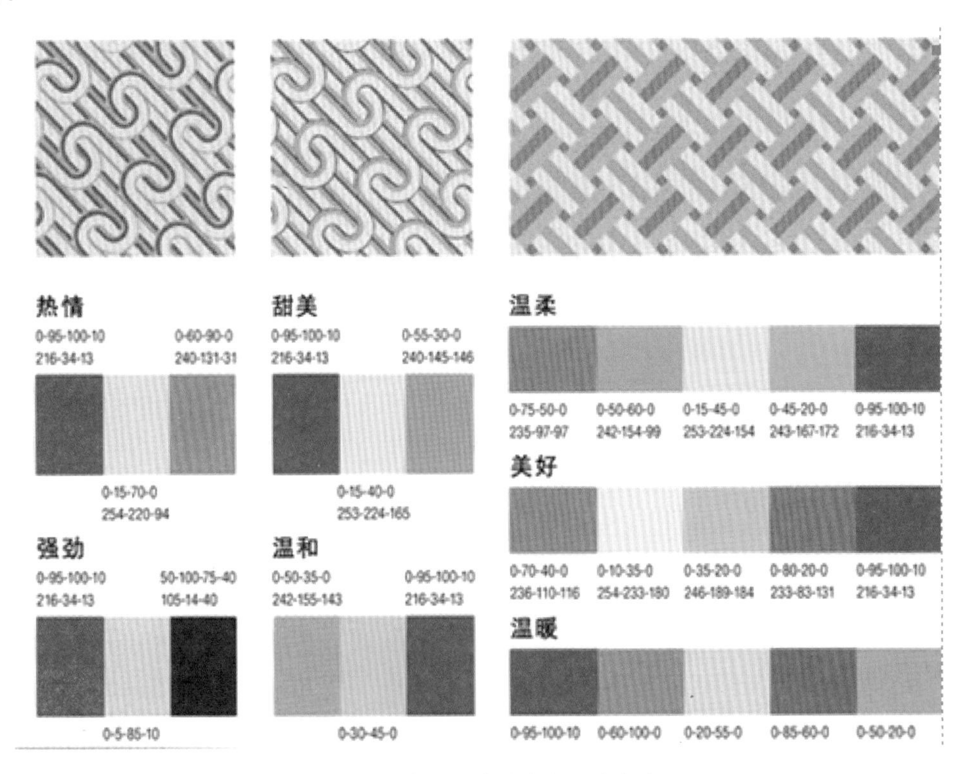

图 2-5　一套以红色为主的配色方案

2.5 图形界面测试

除了原型设计、功能设计和界面设计，用户界面设计人员还能进行一项专门针对图形界面的测试工作，即图形界面测试。由于用户界面从命令行演化到图形界面，虽然易用性大大增加，但是操作的自由度也极大地增加了。而软件的使用是十分依赖于正确的操作流程的。因此进行图形界面测试，寻找所有可能出现的异常情况，为保证软件的正常使用是十分重要的。

图形界面测试越早进行越好。由于图形界面的设计与实现渗入到软件的各个层面中，因此，在各个阶段都要首先设计好针对当前阶段的测试方法和测试用例。可以按照如下的思路设计图形界面的测试用例。

2.5.1 对界面元素分组分层

对界面元素进行分组，让从属于同一功能的元素在同一组中，有助于功能测试时确定测试对象。对界面元素进行分层，有助于区分不同类型的测试方法。一般可以将界面元素分成三层：第一层为界面原子，即界面上不可再分割的单元，如按钮、图标等；第二层为界面元素的组合，如工具栏、表格等；第三层为完整窗口。

2.5.2 确定当前层次的测试策略

对于不同的层次和粒度，测试的策略是不同的。需要根据当前层的特点来设计。例如上述的三层结构中，对界面原子层，主要考虑该界面原子的显示属性、触发机制、功能行为、可能状态集等内容。对界面元素组合层，主要考虑界面原子的组合顺序、排列组合、整体外观、组合后的功能行为等。对完整窗口，主要考虑窗口的整体外观、窗口元素排列组合、窗口属性值、窗口的可能操作路径等。

2.5.3 进行数据分析，提取测试用例

确定了当前层级的测试策略之后，需要分析当前层级的数据，以设计测试用例。测试用例用于评价界面设计与实现的完成度，因此需要提取用于评判的指标。对于元素外观，可以参考的指标有元素大小、形状、颜色饱和度等；对于布局方式，可以参考的指标有元素坐标、对齐方式、间隔等。通过提取这些指标，测试用例才具有明确的可评价性。

2.5.4 设计测试方法

提取好测试用例后，便可以开始设计测试。为了方便评判，需要对测试结果进行一定的处理。常用的设计方式有等价类划分、边界值分析等。这些方法能在一定程度上保证测试的完备性。

小贴士 等价类划分是用于解决选择合适的数据子集以覆盖整个数据集的问题，其核心要求是覆盖所有原始情况，追求目标是尽量少的子集数目。应用到测试领域，可以在保证测试完整性的情况下减少测试的工作量。

习题

1. 在软件工程中，用户界面设计可以参与到哪些环节中？
2. 如何获取需求？
3. 原型设计的目的是什么？
4. 为什么需要确定交互目标？
5. 假如一款新应用以大学软件工程相关专业的在读大学生为目标人群，这种设计应具有什么样的特点？

第3章

用户界面的发展历史

3.1 从命令行到图形界面

早在软件诞生的初级阶段，人们就想办法为提高用户的使用体验而做出努力。随着图形化技术的不断精进，用户界面设计经历了翻天覆地的变化，但是人们所追求的核心需求却仍然不变。

3.1.1 命令行的界面设计探索

作为人机界面的一种交互形式，命令行诞生最早、功能最强大、使用时间最长，直至今日仍然在许多使用领域占据一席之地，它体现了人机交互的基本需求。

▶ 用户输入。用户通过键盘输入特定语法的指令。命令行的交互模式较简单，主体界面全部运行于一个简单排列的文本区域中，但命令行同时功能强大，经典的命令行系统可以使用命令行完成所有系统设计的功能。命令行与功能的对应关系良好。

▶ 人机语言。命令行是一种人类(经过学习)和系统(经过编译设定)都能理解的语言。因此可以作为人机交互的媒介存在。命令行一般包含自然语言(如英语)的单词，并反馈自然语言的提示信息，同时遵循预先设计好的语法规则，用于传递参数、进行复杂设定等，所以可以被用户和系统识别。

▶ 系统输出。系统将反馈信息以文本形式打印在屏幕上，显示给用户，用户因此得知自己操作的结果。

相比于过去的打孔纸带输入，命令行大大提升了人们的操作效率，同时真正使得电脑可以被普通大众所用，例如图 3-1 所示的 DOS 系统界面。但是，受到当时的技术所限，命令行语言也有缺点。

▶ 学习成本。命令行并非自然语言的直接读写，而是经过挑选、组合与规范化的。因此，普通人想要使用命令行进行交互，必须经过对命令行语言的学习。要想使用全部功能，更需要记忆复杂繁多的命令行指令，如图 3-2 所示，学习成本不低。

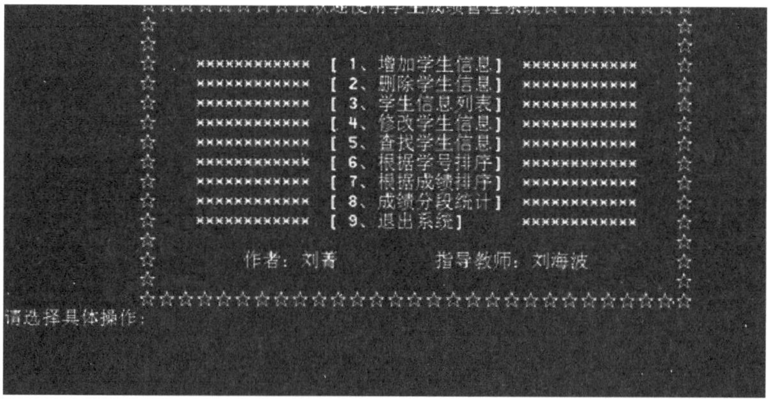

图 3-1　DOS 系统下也能有用户界面设计

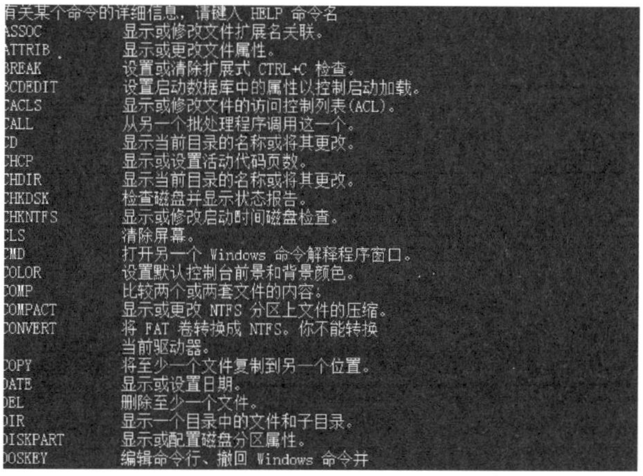

图 3-2　Windows 控制台繁多的指令列表

▶ 输入技巧。命令行使用键盘进行操作，这就要求使用者具备一定的键盘输入经验与技巧才能习惯命令行的输入模式。

▶ 出错处理。由于键盘输入的不确定性，命令行输入有一定的错误率，而命令行的信息排列是单向且唯一的，所有信息在屏幕上按照打印时间排列，因此输入出错之后必须重新输入，难以回滚步骤。

▶ 美观受限。受制于流式的消息显示队列，命令行难以完成复杂的美观表现，最常使用的是制表符进行排列对齐。

在用户界面仍然是命令行窗口时，用户界面设计的需要就促使人们在有限的表现方式上探索改善用户体验的方法。例如对齐、文字颜色等，都表现了人们在用户界面诞生之初，就存在的美化界面、突出信息的需求，以及为之付出的努力，例如图 3-3 所示的 BIOS 界面就力求做到美观。其中制表符就是命令行窗口很重要的界面设计元素。

制表符，又称制表位，是一系列用于不使用表格功能的情况下在垂直方向上对齐文本的特殊处理字符。经典的命令行界面，如 DOS 操作系统和现代的 Linux 系统的命令行界面，都使用制表符来创造表格效果，排列复杂信息，提升纯文本界面的阅读体验，如图 3-4 所示。

```
CMOS Setup Utility - Copyright (C) 1984-2002 Award Software
Advanced BIOS Features

  Virus Warning              [Disabled]        Item Help
x CPU L1 & L2 Cache           Enabled
  CPU Hyper-Threading        [Enabled]        Menu Level  ▸
  Fast Boot                  [Enabled]
  1st Boot Device            [Floppy]         Allows you to choose
  2nd Boot Device            [HDD-0]          the VIRUS warning
  3rd Boot Device            [CDROM]          feature for IDE Hard
  Boot Other Device          [Enabled]        Disk boot sector
  Swap Floppy                [Disabled]       protection. If this
x Seek Floppy                 Enabled         function is enabled
  Boot Up Num-Lock LED       [On]             and someone attempt to
  Gate A20 Option            [Fast]           write data into this
  Typematic Rate Setting     [Disabled]       area , BIOS will show
x Typematic Rate (Chars/Sec)  6               a warning message on
x Typematic Delay (Msec)      250             screen and alarm beep
  Security Option            [Setup]
  APIC Mode
  MPS Version Control For OS[1.4]
  Boot OS/2 for DRAM > 64MB  [No]
  Full Screen LOGO Show      [Disabled]

↑↓→←:Move  Enter:Select  +/-/PU/PD:Value  F10:Save  ESC:Exit  F1:General Help
  F5: Previous Values    F6: Fail-Safe Defaults    F7: Optimized Defaults
```

图 3-3　BIOS 界面

```
student-12211080@student12211080-virtual-machine:~$ ls
Desktop  Documents  Downloads  examples.desktop  Music  Pictures  Public  Templates  Videos
student-12211080@student12211080-virtual-machine:~$ ll
total 104
drwxr-xr-x 15 student-12211080 student-12211080 4096 May 15 20:15 ./
drwxr-xr-x  3 root             root             4096 May 15 20:03 ../
-rw-r--r--  1 student-12211080 student-12211080  220 May 15 20:03 .bash_logout
-rw-r--r--  1 student-12211080 student-12211080 3637 May 15 20:03 .bashrc
drwx------ 12 student-12211080 student-12211080 4096 May 15 20:18 .cache/
drwx------ 12 student-12211080 student-12211080 4096 May 15 20:16 .config/
drwx------  3 student-12211080 student-12211080 4096 May 15 20:15 .dbus/
drwxr-xr-x  2 student-12211080 student-12211080 4096 May 15 20:15 Desktop/
-rw-r--r--  1 student-12211080 student-12211080   25 May 15 20:15 .dmrc
drwxr-xr-x  2 student-12211080 student-12211080 4096 May 15 20:15 Documents/
drwxr-xr-x  2 student-12211080 student-12211080 4096 May 15 20:15 Downloads/
-rw-r--r--  1 student-12211080 student-12211080 8942 May 15 20:03 examples.desktop
drwx------  3 student-12211080 student-12211080 4096 May 15 20:16 .gconf/
-rw-------  1 student-12211080 student-12211080  418 May 15 20:15 .ICEauthority
drwxr-xr-x  3 student-12211080 student-12211080 4096 May 15 20:15 .local/
drwxr-xr-x  2 student-12211080 student-12211080 4096 May 15 20:15 Music/
drwxr-xr-x  2 student-12211080 student-12211080 4096 May 15 20:15 Pictures/
-rw-r--r--  1 student-12211080 student-12211080  675 May 15 20:03 .profile
drwxr-xr-x  2 student-12211080 student-12211080 4096 May 15 20:15 Public/
drwxr-xr-x  2 student-12211080 student-12211080 4096 May 15 20:15 Templates/
drwxr-xr-x  2 student-12211080 student-12211080 4096 May 15 20:15 Videos/
-rw-rw-r--  1 student-12211080 student-12211080   76 May 15 20:15 .Xauthority
-rw-------  1 student-12211080 student-12211080 6118 May 15 20:16 .xsession-errors
```

图 3-4　Linux 的命令行界面

3.1.2　图形化——用户界面改进的追求

图形用户界面(Graphical User Interface,简称 GUI,又称图形用户接口)是指采用图形方式显示的计算机操作用户界面。与早期计算机使用的命令行界面相比,图形界面对于用户来说在视觉上更易于接受。

20世纪80年代，苹果公司首先将图形用户界面引入微机领域，推出的Macintosh以其鼠标、下拉菜单操作和直观的图形界面，引发了微机人机界面的历史性的变革，如图3-5所示。而后微软公司推出了Windows操作系统，从Windows 3.0发展到Windows 10，使得GUI被应用于用户面更广的个人计算机平台。图形界面的特点是人们不需要记忆和键入烦琐的命令，只需要使用鼠标直接操纵界面即可。图3-6、图3-7所示的是其界面的变迁。

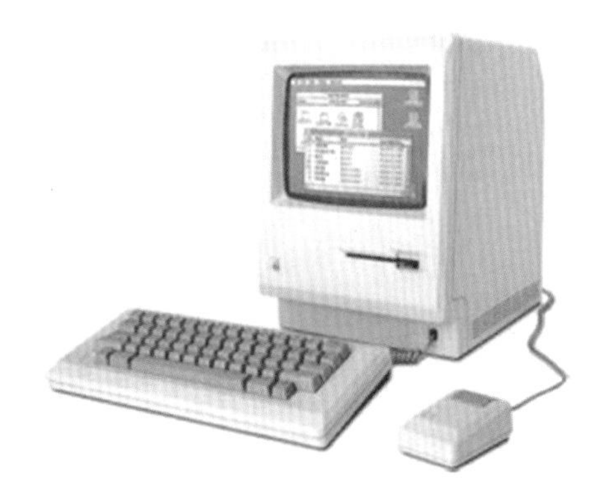

图3-5 苹果公司的Macintosh(已经有图形界面)

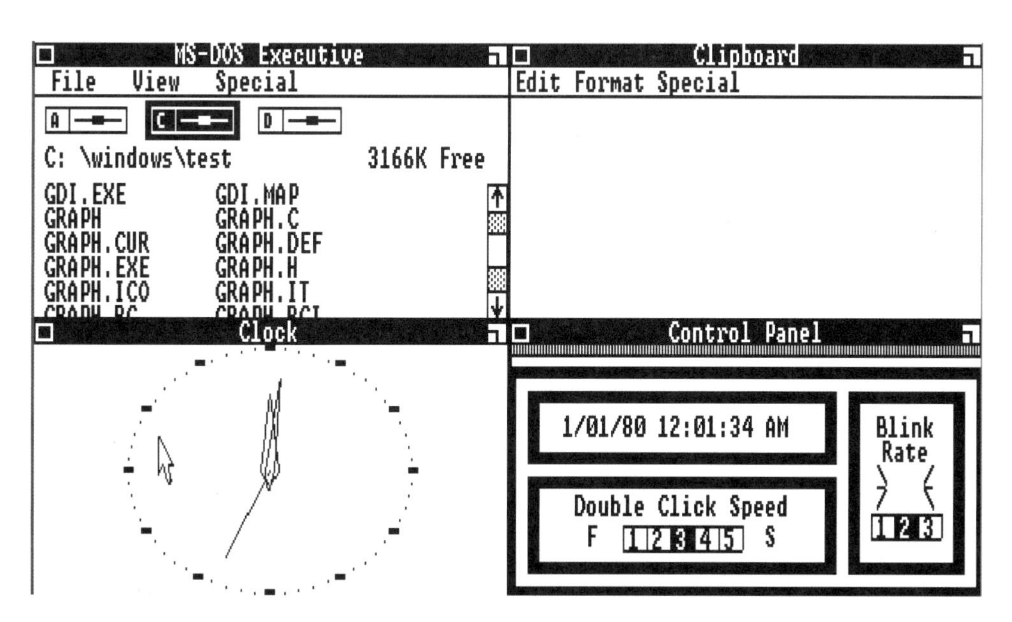

图3-6 Windows 1.0界面

图形界面能够表达更多的信息，进行更方便的操作，同时表现更加直观、更加符合人们感受世界的思维。这是人们对用户界面不断改进的追求。

图形化界面解决了命令行界面的缺点，主要表现在以下几个方面。

▶ 学习成本降低。比起记忆命令行指令，图形化界面有了按钮、菜单来直观地展示系统功能，优秀的布局和引导可以让许多用户第一次打开软件便轻松上手，大大降低了学习成本。

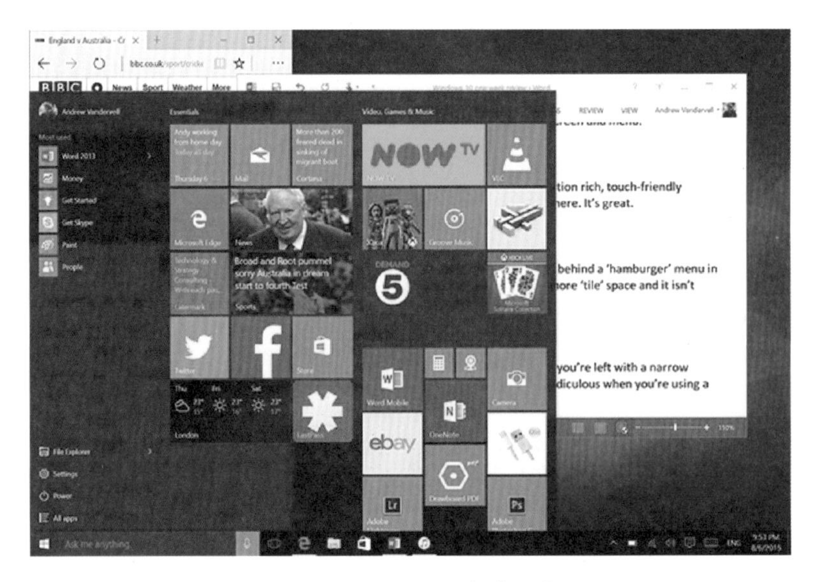

图 3-7 Windows 10 操作系统

▶ 输入方式改变。鼠标的移动与点击的输入模式比起键盘更加直观和简单，十分符合人们的逻辑，而按钮、鼠标等相应的控件也改变了输入逻辑，因此输入方式让人们更乐于使用。

▶ 窗口化。窗口化的界面使得事务可以并行处理，改变了以往单线的信息流。

但是图形化界面也存在自身的局限。

▶ 如图形化仍无法完全解决系统功能的映射问题。复杂的图形布局反而加剧了部分功能被用户所忽略，因为在同一屏幕中的信息量比以往更多。

3.2 从拟物化到扁平化

图形化界面渐渐成为用户界面的主流之后，对于图形本身表达信息的模式，设计师们又展开了探索。在布局、样式、图标设计整体的软件上，形成了设计风格的差异，而其中最有代表性的设计风格，便是拟物化与扁平化，如图 3-8 所示。

3.2.1 拟物化

拟物设计就是追求模拟现实物品的造型和质感，通过叠加高光、纹理、材质、阴影等各种效果对实物进行再现(也可适当程度地变形和夸张)。同时以此来表示对应的功能。例如在住房应用的界面上画房子和线，电话应用画一个话筒，文件夹应用画一个现实的文件夹等等，如图 3-9 所示。

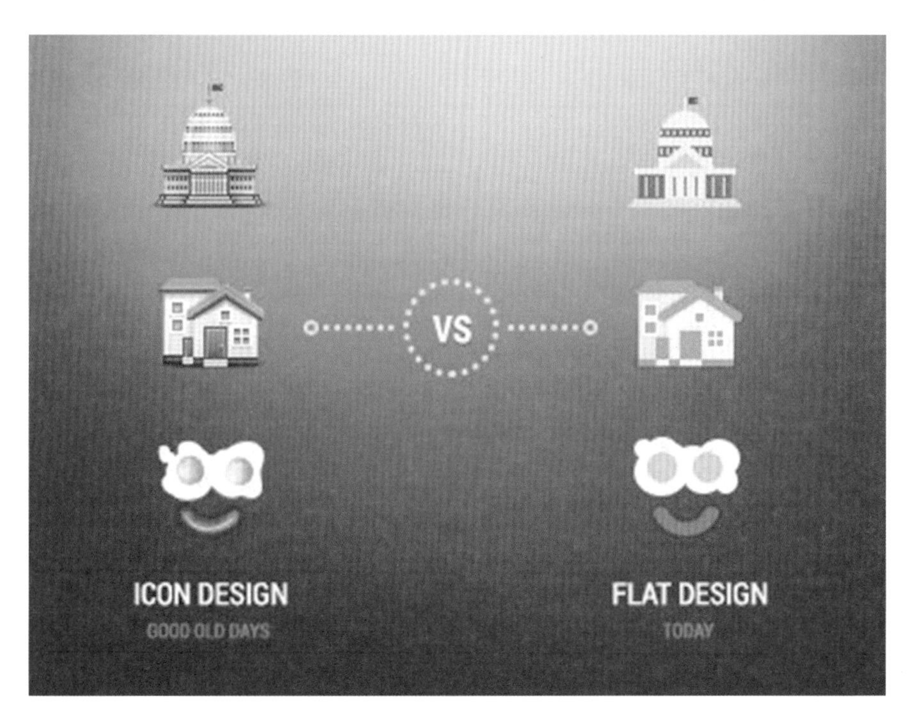

图 3-8　拟物化与扁平化

图 3-9　一个拟物化的电子书阅读器界面

3.2.2 扁平化

扁平化设计就是摒弃以上效果(尤其是高光、阴影等能造成透视感的效果)的追求,追求通过抽象、简化、符号化的设计元素来表现,如图3-10所示。

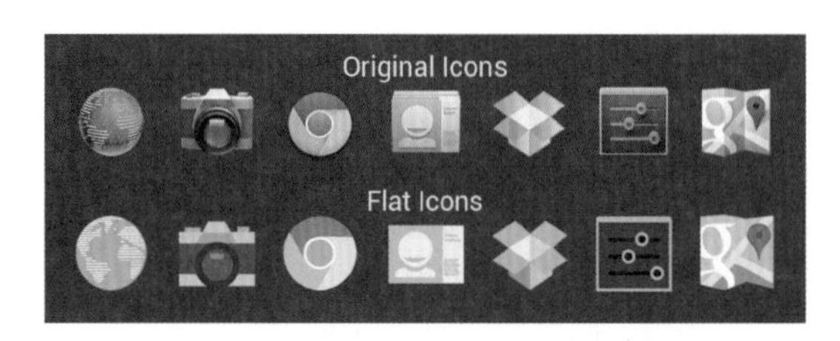

图3-10 许多设计图标从拟物化向扁平化的变化

界面上单色极简的抽象矩形色块、大字体、光滑、现代感十足;交互的核心在于功能本身的使用,所以去掉了冗余的界面和交互,而是使用更直接的设计来完成任务。同时,大多数扁平化抽象自拟物化,可以说是完全凸显特点而舍弃其他部分的风格,如图3-11所示。

图3-11 一些扁平化的图标设计

就目前来说,扁平化的风格更加有设计感,更加抽象,符合当代简约的潮流,因此更多地受到设计者和使用者的青睐。

小贴士

扁平化的设计风格可以追溯到20世纪四五十年代的瑞士风格(Swiss Style),这是一种用大色块、无衬线字体组成的简约广告设计风格。不过扁平化真正在数字媒体领域的火热要归功于微软公司的Metro风格设计与苹果公司的iOS系统。值得一提的是,直到2013年iOS 7发布后,苹果才正式放弃拟物化而全面投向扁平化。之后,随着扁平化风格简洁的元素与响应式网页的良好兼容性,扁平化风格更是走上了热度巅峰。

习题

1. 简述用户界面发展的几个阶段。

2. 为什么人们需要图形化的用户界面?

3. 命令行的用户界面是否已经没有用处?如果有,请说明用途;如果没有,请说明理由。

4. 举出目前常用的软件界面设计中采用扁平化与拟物化风格的例子。

5. 拟物化和扁平化分别适合什么样的系统使用?

第4章

界面设计概述

4.1 设计驱动开发

当新用户开始使用一个应用程序时，他们通常是对其有所期待的，而这种期待往往来自于他们以往使用类似的应用程序及操作系统的经验。用户会在潜意识中对应用程序每个按钮的作用、使用方式、工作逻辑以及快捷键等做出一系列的猜测，并期待他们所使用的应用程序满足这些预期。一旦用户的期待得不到满足，就会大大影响用户的使用体验。

Wilson 是北京某国企的一名普通办公室职员，他长期使用 Windows 操作系统进行办公。上个月，北京新开了一家 Apple Store 苹果店，他便前往并试用了一下里面的 Mac 电脑（运行 Mac OS 系统，而不是 Windows 系统）。

打开电脑后，他首先看到了 Mac OS 操作系统的桌面（如图 4-1 所示）。虽然是第一次接触 Mac OS 系统，Wilson 毫不费力地就猜到了桌面右侧的“图标”是可以通过双击打开并查看其内容的。“这样看来，Mac OS 系统也没有那么不同”，他想。Wilson 认为“双击桌面图标打开文件”这一操作是“理所当然”的；事实上，他在过去的 10 年中一直是这么做的。

图 4-1　Mac OS 操作系统的桌面

然而，接下来他的体验就不那么愉快了。为了将桌面上的文件复制到另外一个地方，他习惯性地右击这个文件，并在菜单中选择了“复制”选项。然而，Mac OS 系统却在原地为该文件创建了一个副本，而没有将其移到剪贴板中(如图 4-1 所示)。困惑之下，Wilson 又按下了 Control + c 组合键，接着在另一个文件夹中按下了 Control + v 组合键，但是系统却没有任何反应。他发现，他甚至连将一个文件复制到另一个地方都不知道该怎么操作。

很多 Windows 使用者在初次使用 Mac 电脑时都会有类似的感受。事实上，在 Mac OS 系统中，如果要将一个文件移到剪贴板，应该选择“拷贝”选项而不是“复制”(“复制”操作会在原地为该文件创建一个副本)选项。另外，Windows 系统中的 Ctrl 键对应的是 Mac OS 系统中的 Command 键(而非 Control 键)。当然，如果没有人告诉 Wilson，他是不可能知道这些不同之处的。刚刚开始使用 Mac 的新用户大多都会抱怨“虽然 Mac OS 系统看起来十分简洁美观，但是我无法使用它高效地完成我的工作!”

如果读者对 Mac 有一定了解，可能听说过 Mac 电脑正是以其易用性著称的——但是，这当然仅仅是针对习惯了其所搭载的 Mac OS 系统的使用方式的用户而言。诸如“使用哪个快捷键完成某项功能”或“菜单项如何命名”之类的问题本来就没有标准答案，不同的操作系统由于历史以及其他原因在长期发展的过程中形成了使用方式上的差异。让 Wilson 感到困扰的根本原因，其实在于 Mac OS 系统并不按照他所想象的方式工作：他执行一个操作，却得到了意料之外的结果。因此，Wilson 才会感到困惑甚至无助。类似地，作为应用程序开发者，在设计应用程序的过程中必须遵循同类软件乃至其所运行的操作系统的使用习惯；只有这样才能避免过高的学习和适应成本，给用户带来“熟悉感”，从而让用户获得更好的使用体验。

软件界面设计的好坏通常不仅仅是美观与否的问题——一个精良的设计往往能让应用程序本身变得更加高效和易于使用，相反，一个糟糕的设计则完全可能让开发者在应用上的其他努力付诸东流。因此，在现代应用程序的开发过程中，用户界面设计所占的地位越来越重要。对于开发者来说，用户界面设计并不仅仅是“图像”或“美学”设计，而是应用一系列简单而实用的准则或策略来改善软件易用性的一个步骤。

4.2 目标用户群体

在对一个新的软件产品做需求分析和功能设计之前，必须要明确软件所针对的用户群体，以及用户群的具体特征，只有这样才能设计并开发出对用户有价值的功能。其实，在用户界面的设计中，“明确目标用户”同样也是非常重要的一环。用户本身的技能、个性、性别、年龄、所受教育以及文化背景上的差异，都可能导致用户对界面的需求的不同。例如，一个专业的软件工程师和对电脑只有有限了解的普通用户，所能够接受的界面可能就完全不同。来自中国和法国的用户，对于同一种配色或图案的理解也可能是大相径庭的。用户界面作为应用程序和用户交互的核心途径，必须将不同用户对界面的不同需求考虑在其中，这样才能给用户提供最好的使用体验。否则，即使软件内部的功能十分强大，如果界面使用起来体验非常糟糕，用户也不会选择使用它。

4.2.1 用户的年龄层分布

在年龄分布的讨论中，主要应考虑特殊的年龄层，如儿童和老人。例如，对于专门为儿童设计的软件，在整体界面风格和配色的使用上往往会倾向于卡通风格，动画和声音的使用也更加广泛，以吸引儿童的兴趣和注意力。此外，由于儿童的阅读能力、认知系统和逻辑分析能力还未发育成熟，软件的界面和交互方式应当以简单、直观为主；在用户界面的文字设计上尽量使用简单的日常用语，界面中也不应过分堆砌复杂的功能。

目前，市场中已经有许多针对儿童所设计的“寓教于乐”类型的应用了，Endless Numbers 就是其中之一，如图 4-2 所示。通过这款旨在帮助儿童熟悉“数字”的应用程序，儿童可以以游戏的方式进行数字识别、计数、数列记忆以及简单的加减法等方面的训练。这款应用在界面设计上就十分成功，能够有效吸引儿童的注意力。并且，应用提供了大量有意思的动画效果，以帮助儿童理解数字之间的关系。

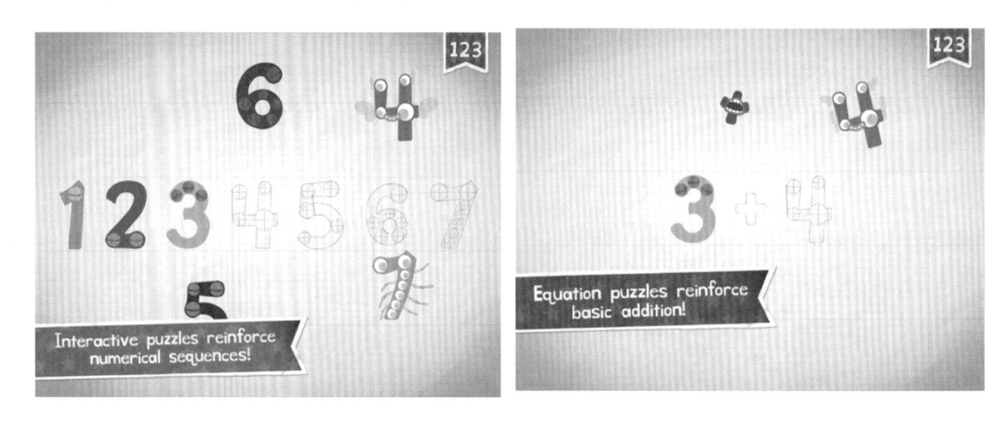

图 4-2 Endless Numbers

而对于针对老年人而设计的应用，同样有许多需要特别注意的地方。老年人的反应速度、视力、听力、键鼠（或手势）操作的灵活性可能都有不同程度的下降，因此，在进行界面设计时应该将这些因素考虑在其中，使界面元素尽可能简洁、清晰、易于辨认和操作。

4.2.2 用户的基础计算机操作水平

目标用户能否无障碍地使用计算机完成基本的操作？他们对于常见界面布局和控件是否有所了解？为了评价用户对于计算机使用的熟练度，可以将用户分为新手、初级用户、熟练用户、专家 4 个等级。新手指的是第一次使用（或极少使用）计算机软件的用户，他们缺少对操作系统和类似软件的任何使用经验。初级用户指的是对相关软件或系统有一定的了解，但对于某一特定软件则没有使用经验的用户。对于这两类用户来说，密密麻麻的按钮、

菜单、选项可能会让他们直接失去使用这一软件的信心；相反，一个直观的交互流程和符合直觉的用户界面可能能够极大地降低他们的学习成本。此外，在适当的时候主动给予用户软件使用方面的指导，并合理使用隐喻、动画、图标等界面要素对用户进行提示，也是非常有必要的。

例如，图4-3所示Windows XP控制面板的向导和类别界面就适合新手和初级用户探索控制面板的各项功能。

图 4-3 Windows XP 控制面板

对于熟练用户或有丰富相关软件使用经验和专业知识的专家来说，他们希望软件能够提供强大的功能，并且往往对软件有着更高的要求。如果要满足这类用户的需求，软件必须保证具有优化的响应时间、优越的性能以及操作便捷性。如果软件功能太过简单或运行效率低下，就可能无法满足他们的需求。

很多情况下，软件的开发者可能无法将目标用户按照计算机水平划分为具体的一类，不同水平的用户都是软件的潜在目标用户。这时，如何在满足专业用户的专业需求的前提下，不影响(或最小限度地影响)初级用户的使用和学习成本，就十分重要了。要实现这一目标，可用的技术有很多，其中最常用、也最有效的方法就是将进阶的设定和功能隐藏起来，只在必要的时候才予以显示。例如，许多软件都将一些不常用的或较为专业的设置选项从常规的设置面板中分离出来，放置在一个单独的甚至隐藏的“高级”面板中。用户不必修改这个区域内的设定也能顺利使用软件，但是有特殊需求的专业用户可以浏览高级设定的内容，并做出必要的调整。

使用这一方法的例子之一就是Mac OS下的Safari浏览器。在Safari浏览器的设置窗口中，如图4-4所示，有一个“Advanced”(高级)选项卡，里面提供了访问性、插件、用户自定义样式表、文字编码、代理等一般用户无须用到的选项的设定。将这些选项放到单独的选项卡中，一方面避免了它们和其他常用设置项一起出现在新用户的视野中，给用户造成困惑；

另一方面也提示了用户，这一区域的设置项通常不需要调整即可正常使用。此外，网页开发者常用的“开发”菜单也是默认隐藏的，需要手动勾选下方的“在菜单栏中显示开发菜单”选项才会显示出来。

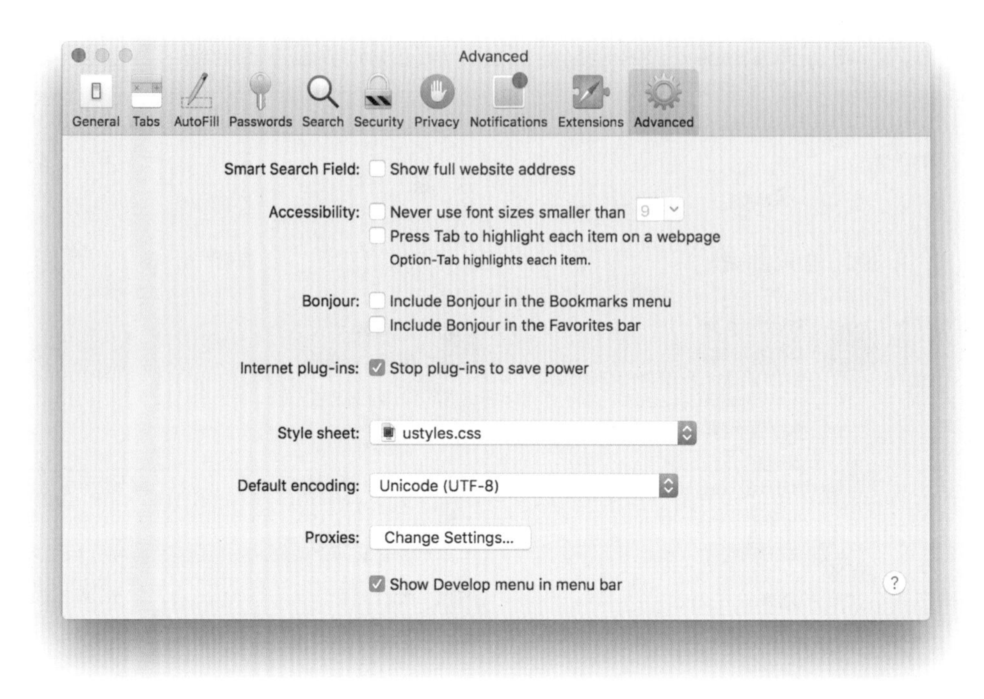

图 4-4　Safari 浏览器的设置窗口

“开发”菜单包含了诸如禁用 CSS、禁用 JavaScript 等仅仅在调试网页时才会用到的功能。可以想到，如果默认将这一菜单显示出来，新用户一旦不小心对这些选项进行操作，会对他们正常使用浏览器造成非常大的影响。

小贴士

我国每年举办的全国计算机等级考试(National Computer Rank Examination)，是用于考查非计算机专业应试人员对计算机的应用及知识水平的全国性考试，其中水平一级主要以考查常用软件的使用技能为主。

4.2.3　用户在相关领域的专业知识

这里所说的“专业知识”可以来自和软件的功能相关的任何领域，并不局限于计算机操作能力。例如，一个数据分析软件的用户可能或多或少都会具有一些统计学知识；一个排版软件的用户可能对出版和文字排印都会有所了解；一个代码编辑器的用户可能对于代码编写、构建等比较熟悉。为了区别于常规的任务管理、笔记以及游戏等不限领域的应用，这种主要面向某一具体学科或领域的软件往往被称之为“专业软件”。

需要注意的是，由于专业软件的设计者往往对所属的领域十分了解，甚至是相关领域的专家，他们很容易“理所应当”地假设所有此类软件的用户也都对该领域十分了解。然而，考虑到用户的专业水平从低（如刚开始学习相关专业的高中生或大学生）到高（博士研究生、大学教授等）是一个连续的分布，就能意识到这种假设显然是不准确的。事实上，对于专业软件来说，想兼顾一个非常大的“用户专业性”跨度而与此同时又不影响软件的使用效率和体验是非常困难的。因此，在最开始的需求分析与功能设计阶段，就应当对目标用户的专业水平有一个大致的定位和把握，在后续的功能和界面设计中时刻以此作为基准。

例如，著名的数值计算软件 Mathematica 面向的就是专业性比较强的数学相关专业的用户，因此该软件采用了一种“函数式”的交互方式：用户希望进行任何计算操作，都要使用 Mathematica 函数库中事先定义好的函数，按照一定的语法进行输入。在计算过程中几乎没有传统的图形界面进行辅助，如图 4-5 所示。采用这一设计，从某种程度上牺牲了对于新手用户的友好程度，但借助于其强大的函数库，换来了无可比拟的灵活性和异常强大的功能，使 Mathematica 成为数学专业人员必备的软件之一。作为对比，同样以数值计算作为功能之一，Mathematica 软件所属公司 Wolfram Research 旗下的另一款产品 WolframAlpha 所面向的就是普通用户，而非数学领域的专业用户。WolframAlpha 在设计上处处体现了其为新手用户所提供的便利设施。首先，WolframAlpha 以在线服务的形式提供，用户无须安装任何软件，只需访问相关网站即可开始使用，如图 4-6 所示。其次，用户可以直接使用“自然语言”进行指令的输入，而无须记忆和输入复杂的公式和函数。此外，当用户输入的指令不准确、包含错误或系统无法理解时，WolframAlpha 会为用户展示比 Mathematica 更为详尽的错误信息，以帮助用户进行修改。

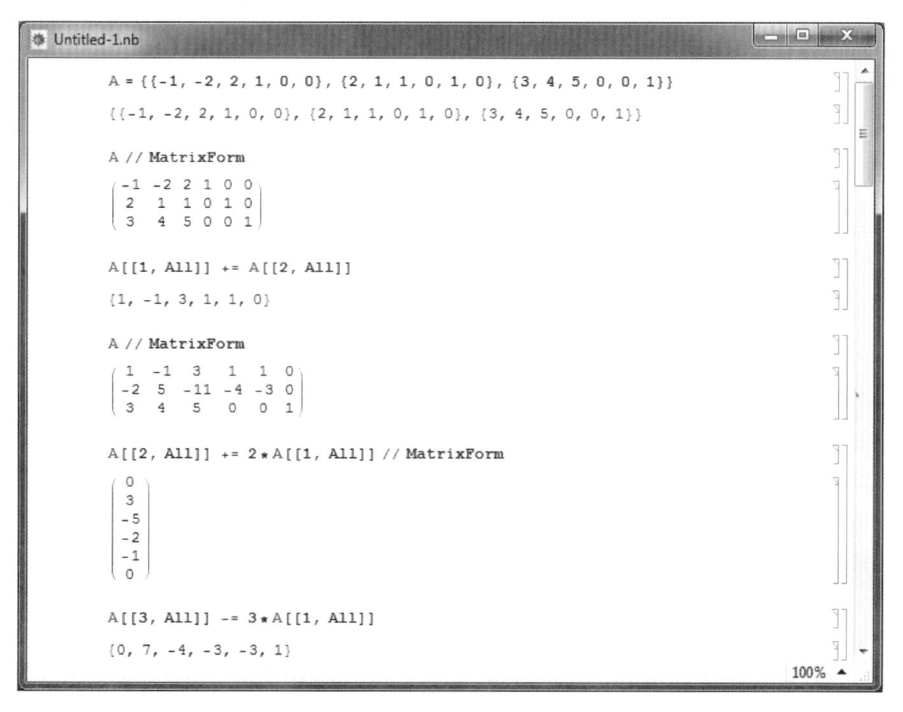

图 4-5　Mathematica 主界面

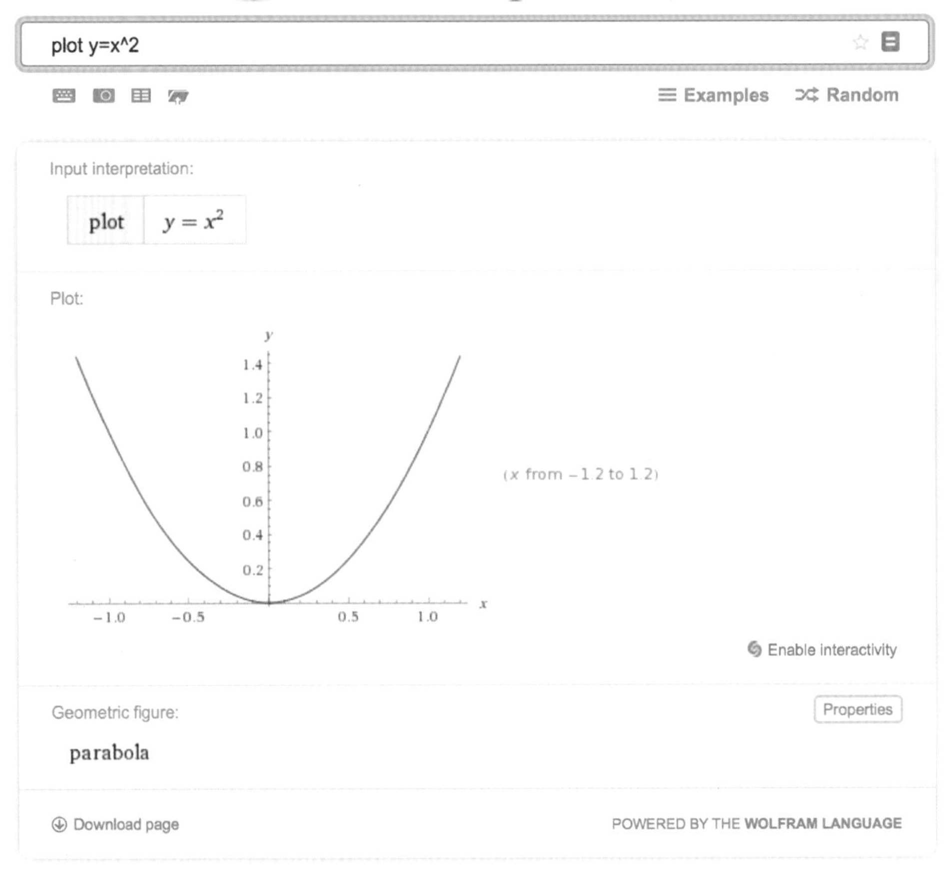

图 4-6　WolframAlpha 主界面

4.3 简洁与清晰

早期的软件界面往往只是一系列功能和按钮的堆砌，功能复杂的软件通常伴随着无数的菜单项和按钮，让人望而生畏；而现在，越来越多的软件都在强调其“设计感”。软件的功能层次感越来越清晰、功能分区越来越合理；而这其中最直观的一点就是整体界面的设计越发显得简洁、清晰、美观。在不影响功能的前提下，很多不常用的按钮和菜单项被隐藏，用户的实际内容得到强调。

在界面设计中，应当仔细斟酌每个界面元素的作用、重要性和交互方式，将重要的界面元素放置在显著位置，不太重要的界面元素则降级到相对次要的位置；凸显界面元素之间的层次感和逻辑感，避免对空间进行罗列和堆叠。此外，对于展示实际用户内容的界面（如图片浏览应用、文档编辑应用等），不应使得软件工具栏和其他辅助控件过多地占用用户实际内容的屏幕空间，或干扰用户正常浏览应用所展示的内容。

1 Microsoft IE 8.0 和 Microsoft Edge

从微软 IE 8.0 浏览器到 Windows 10 系统中 Edge 浏览器界面的演化可以很明显地看到这一点。在 Edge 浏览器中，可以看到搜索栏和地址栏被合并为一个统一的“智能搜索栏”，同时标签栏移到了浏览器上方原本标题栏的位置。此外，常用的按钮如前进、后退、刷新等更加集中，整个窗口也采取了无边框的设计，如图 4-7 所示。

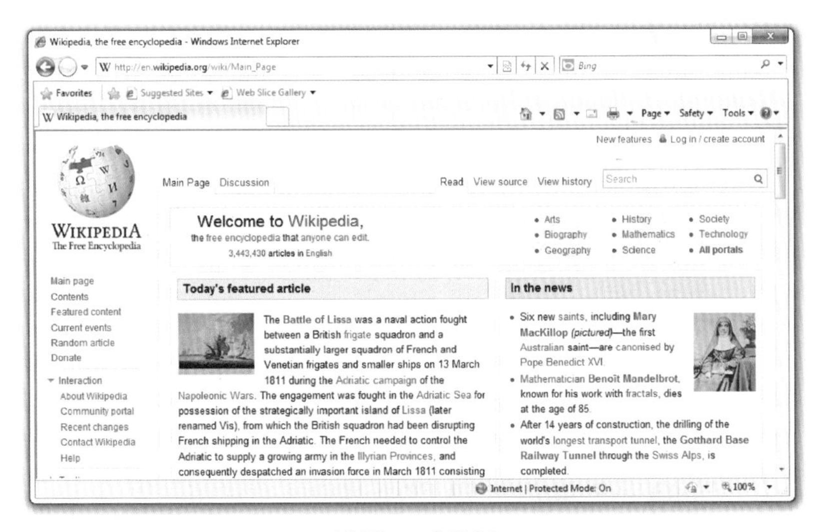

(a) Microsoft IE 8.0

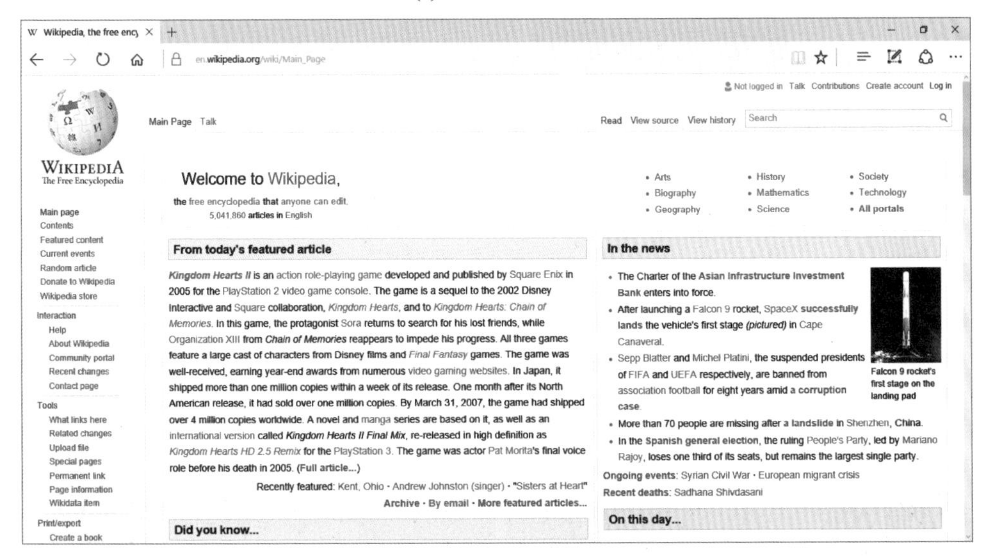

(b) Microsoft Edge

图 4-7　Microsoft IE 8.0 和 Microsoft Edge

经过这些界面上的改进，浏览器整体变得更加简洁，网页内容所占的比例明显增加，让用户能更加容易地集中注意力于他们真正需要的内容上。

2 iOS 6 和 iOS 7 中的天气应用

iOS 系统中天气应用界面的演化也是一个极好的例子。在 iOS 7 系统中，该应用取消了原先 iOS 5 中的卡片式设计，当前天气的图片和动画得以占据了整个屏幕，并一直延伸到画面边缘。让应用程序的界面让步于内容本身，这一设计更有效地向用户传达了他们最需要的信息——当前天气。同时，实时温度的字体变得更大，未来温度的字体和图标则被一定程度上削弱，内容的层次感更强，使得用户可以非常自然地聚焦于最重要的内容上，如图 4-8 所示。

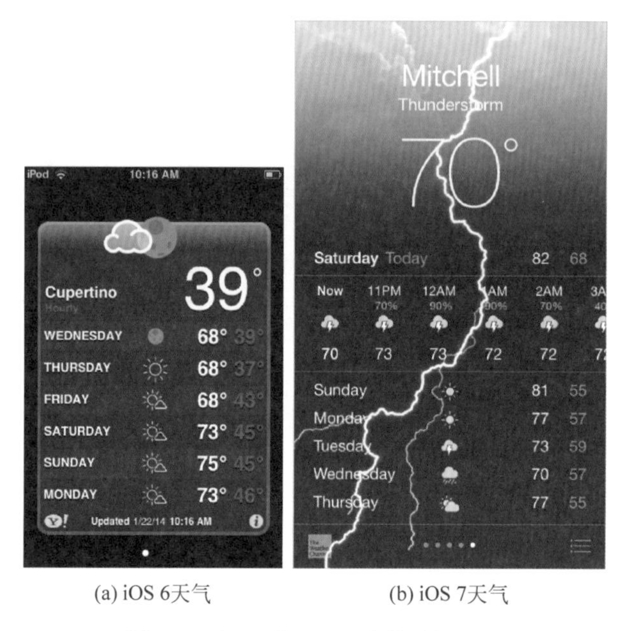

(a) iOS 6天气　　(b) iOS 7天气

图 4-8　iOS 6 和 iOS 7 中的天气应用

3 Google Glass

Google Glass 的用户界面设计也处处体现着简洁与清晰的原则，如图 4-9 所示。和其他设计场景（如 iOS 应用程序）不同的是，Google Glass 从某种意义上来看更像是一个"通知中心"。它需要频繁地处理各类推送通知和推送信息，并实时地将它们以一种"非侵略性"的方式呈现在用户的眼前。因此，针对 Google Glass 应用的用户界面设计必须在内容的丰富性和呈现的简洁性之间找到一个平衡。

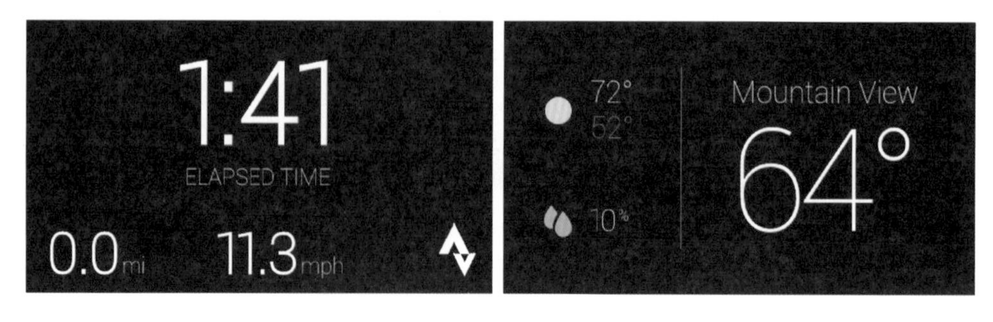

图 4-9　Google Glass 用户界面

图4-10为Google Glass默认的错误提示界面(网络错误)。可以看到,为了避免过度干扰用户或造成信息过载,这一界面仅仅包含了最少量的信息(错误原因和建议的操作),并使用了图标来帮助用户快速理解当前所发生的事件。同时,在这一界面中,最重要的信息(错误原因)使用了较大的字号,允许用户轻易抓住这一错误提示所包含的重要信息。整个界面除了图标、字号的运用之外,并没有使用其他会对用户造成干扰的视觉效果,比如颜色、阴影、多种字体等。

图4-10　Google Glass的网络错误提示界面

4.4 实现模型与心智模型

从程序开发人员的角度出发,开发一个应用程序所需要用到的技术解决方案,称为这个程序的"实现模型"。例如,开发一个在线的物品交易平台,使用Python作为后端语言,HTML、CSS、JavaScript等作为前端语言,MySQL作为数据库引擎,这些都属于实现模型。实现模型往往包含了复杂艰深的理论、技术、算法等内容,这些内容在开发过程中对开发者来说是至关重要的,但是却不会被大多数用户所了解。

与实现模型不同,软件的真实用户对该软件用法和运作方式的个人理解(或期望),则称之为"心智模型"。这类心智模型有助于用户理解自己使用软件的过程,预测某个操作的结果,并应对出乎意料的情况。换句话说,心智模型能够帮助用户"自然地"使用一个程序。用户拥有什么样的心智模型取决于用户个人的生活经历以及知识结构(例如对计算机软件技术的理解)。

心智模型可能是精巧的,也可能是简陋的;可能是真实的,也可能是想象中的。不过通常来说,大部分用户的心智模型都是由一系列零碎的事实所构建起来的,因此,心智模型所反映的通常是一种肤浅的、不完善的理解,但这并不会妨碍用户对软件的学习和掌握。例如,用户敲击键盘,屏幕上就会出现对应的文字。用户只需要明白"敲击键盘"和"输入字符"之间的对应关系即可正常打字,完全无须理解这一操作背后的原理。

小贴士　设计心理学是一门建立在心理学上的设计学科，它把人们对于需求的心理作用与设计的过程作为主要的研究问题。它也研究人们在设计创造过程中的心态，以及设计如何反映和满足人们的心理作用。

4.4.1　避免和用户模型背道而驰

由于实现模型通常比心智模型要复杂得多，在实际软件项目中，令二者保持一致是非常困难的。因此，为了提升用户体验，降低学习成本，软件设计师们必须尽量按照用户的心智模型——而非软件的实现模型，来对应用程序的用户界面和交互方式进行设计。否则，用户在使用软件的过程中就会频频受挫，感到软件难以学习和掌握。

1 避免添加不必要的限制

和心智模型背道而驰的一个典型设计错误就是在应用程序中添加不必要的限制，例如文件名不能超过 255 个字符、最多只能连续撤销 20 次操作、标题中决不允许包含正斜杠(/)、冒号(:)等特殊字符、在搜索的同时不能创建新文件等，如图 4-11 所示。这些条件可能来自技术层面上的种种限制，但无论如何，对于用户来说，它们是难以预测、难以理解、有时令人困惑，并总是令人反感的。

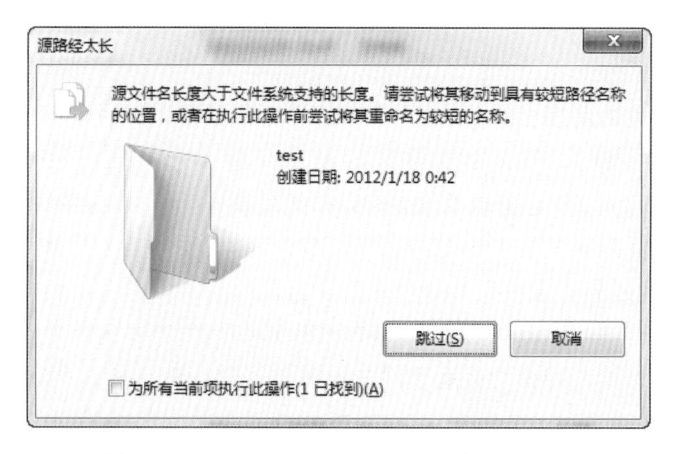

图 4-11　Windows 系统提示用户文件名不合法

2 避免提供过于复杂的功能和设置项

视频格式转换是很多用户都用到过的功能。例如，一个用户使用其手机拍摄了一段视频(保存为 mov 格式)，在准备上传到视频网站上和他人分享时，却发现视频网站只支持 mp4 格式视频的上传。于是，该用户下载了如图 4-12 所示的视频格式转换程序，来帮助他将 mov 格式的视频转换为 mp4 格式。

图 4-12　某款视频格式转换软件的界面

然而，为了完成转换格式这一任务，用户需要设定采样率、视频品质、声道、帧率、音频品质等一系列参数，如图 4-12 所示。大多数非专业用户很可能完全不理解这些“术语”的含义——在他们的心智模型中，要完成转换格式这一任务，仅仅只需要选择一个源文件和一个输出格式。因此，这些多出来的选项就成为一种认知负担。

不专业的设计人员可能会认为软件的功能越丰富越好、界面越复杂越好。然而，过于复杂的界面设计却往往是和用户的心智模型不相符的——他们只希望得到有助于完成他们的工作的那部分功能。因此，如果不能在功能和易用性之间找到一个平衡点，软件的易用性就会受到影响。

4.4.2　优化心智模型：使用隐喻

有效利用心智模型的手段之一就是借助隐喻(metaphor)。很多应用程序都是为了解决现实生活中的某些问题而存在的，用户在使用这些程序时，往往会不自觉地将一部分现实生活中的经验和规律带入其中。由于来自现实生活而不仅限于计算机的使用经历，这些经验和规律与上文中提到的用户长期使用某个操作系统或某款软件形成的使用习惯不同，它们往往是跨平台、甚至跨语言和文化而存在的。因此，通过合理地为抽象的软件功能在现实生活中建立类比，可以让用户立刻理解对应功能的意义以及使用方式，而无须涉及其背后琐碎的技术细节。

隐喻在现代操作系统和软件的设计中实际上随处可见，很多甚至都没有被用户所意识到。例如，绝大多数桌面操作系统都具有“桌面”、“文件夹”和“文件”这一组概念。这些看似简单直白的隐喻背后对应的其实是相当复杂的磁盘文件系统。用户不需要知道文件系统中诸如节点、权限等复杂概念，就可以轻易理解文件夹的基本功能(储存并归类文件和其他文件夹)及其相关操作(如移动和重命名)。类似的，Windows 系统中使用“回收站”来统一存放被删除的文件或文件夹，使得用户无须关心这些被删除的文件或文件夹的真正位置，也无须关心文件在技术上是如何被移动到回收站的。文字处理软件(如 Microsoft Word)则直接使用“页边距”、“行高”等传统出版业已有的概念，让新用户也可以相对轻松地理解软件的功能并控制文档的页面格式。电商网站(如淘宝、京东)则将“购物车”这一生活中的实际物品搬到了网站中，让用户暂存选中的物品，如图 4-13 所示。

图 4-13　亚马逊的购物车功能

图 4-14 是软件“金山画王”的界面截图，可以看到其中使用了大量拟物化的设计(不同种类的笔、橡皮、油漆桶等)。当用户想擦除之前画的内容，就会自然地去选择橡皮擦工具，因为在现实生活中我们也会这么做。

图 4-14　金山画王主界面

可见，在用户界面设计中使用隐喻是一个非常有效的手段，因为有效的隐喻可以让用户非常自然地理解相关功能的操作方式。但隐喻的设计却往往并不像它看起来那样简单直观——设计者须尽力避免用户根据隐喻做出错误的猜测。事实上，一个不好的隐喻比没有隐喻还要糟糕，因为它会对用户产生误导。

在设计一个隐喻的过程中，有如下几点需要注意。

1 隐喻的贴切性

在设计用户界面的隐喻时，应特别注意隐喻的贴切性。

Windows 系统从 Windows 95 版本起就提供了一个称为“公文包”的功能，用于文件和文件夹的对比和同步，如图 4-15 所示。有时，用户需要将一些文件从自己的电脑中带到其他地方进行编辑，等过一段时间回到自己的电脑时再更新对应的文件。由于 Windows 95 时代互联网并不普及，人们都是用软盘来拷贝和携带文件的。然而，如果将文件直接放在软盘中，回来的时候可能会忘记文件软盘中的哪个文件对应电脑中的哪个文件，以及哪个文件被修改过了。为了解决这个问题，用户可以将文件放入公文包中，再将公文包拷贝到软盘中带走。这样，当用户回到自己的电脑中时，打开本地的公文包，公文包会自动进行对比和分析，告诉用户哪些文件需要更新。如果某一文件在两边都进行了修改，公文包还会提示用户发生了冲突，让用户选择保留哪个版本。

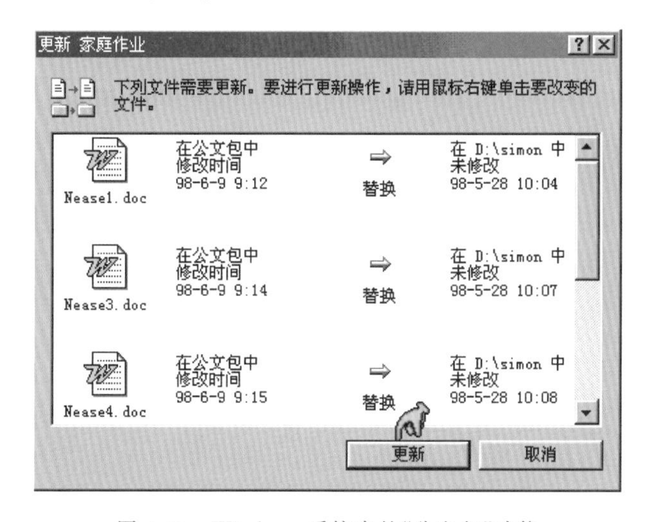

图 4-15　Windows 系统中的“公文包”功能

虽然今天互联网早已普及，Dropbox、Google Drive 这类云同步服务也实现了比公文包强大得多的功能，但在当时，公文包的设计理念还是相当超前的，使用起来也可以说是十分便利的。但遗憾的是，会使用这个功能的用户却极少——绝大部分用户并不理解公文包的真正功能是什么。这其中一个很重要的原因其实来自于“公文包”这个糟糕的隐喻。前面提到过，一个好的隐喻应当让用户能够自然联想到其对应功能的使用方式。公文包功能的核心在于文件的对比和同步，然而这两点在其名称中却完全没有体现出来。作为公文包，应该是存储文件的地方，那么它和系统中已有的文件夹有什么区别？这样看来，很多用户混淆了公文包和文件夹的功能，也不足为奇了。

2 功能的适用范围与场景

开发者还应该特别关注所使用隐喻的适用范围，不可盲目拓展其功能和使用场景。例如，在早期版本的 Mac OS X 中，为了弹出软盘，用户需要将代表软盘的图标拖到废纸篓中，如图 4-16 所示。而且更糟糕的是，这是唯一的方法——系统中没有“弹出”或类似功能的按钮。许多用户都会对此感到困惑：如果将软盘拖到废纸篓中，会不会将软盘中所有的内容一起删除？大多数用户都体验过不小心删掉需要的文件的尴尬感受，因此，当一个与删除无关的任务（弹出软盘）和一个通常情况下代表“删除”的操作（将文件拖到废纸篓）联系起来时，用户不可避免地会产生抵触情绪。

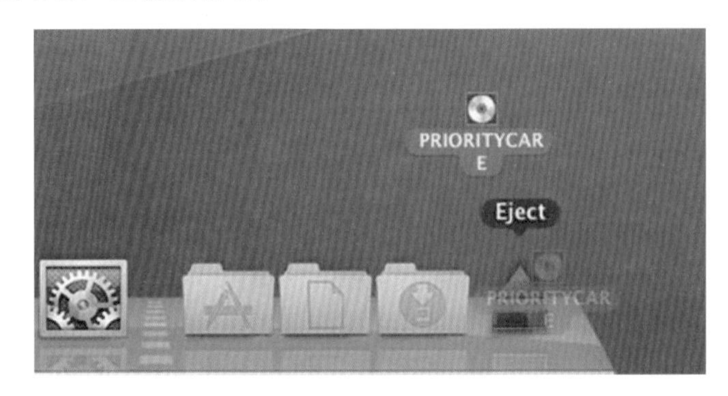

图 4-16　在 Mac OS X 中弹出软盘

3 隐喻的贴切性与功能的限制因素

一个现实生活中的隐喻可以并应当用来指导其对应的软件功能，但并不应当为了追求“隐喻”本身的贴切而对功能添加不必要的限制。例如，现实生活中文件夹的容量显然是有限的，但如果开发者因此就对操作系统中每个文件夹所保存的最大文件数量做出硬性的规定，显然是毫无意义的。

4.4.3 优化心智模型：可操作暗示

可操作暗示（Affordance），又称为预设用途、示能性或环境赋使，指的是一个物品看起来所应该具有的功能。这一概念由心理学家 James J. Gibson 于 1977 年在他的文章中首次提到，并被用在了认知心理学、环境心理学、工业设计、人机交互设计等多个学科和领域中。

当我们看到一把剪刀时，会自然地意识到应该把手放到孔洞中，控制刀刃来剪裁纸张，不需要任何说明和提示。即使对于从来没有使用过剪刀的人，学习一次后也很难再忘掉剪刀的使用方法。这说明，剪刀的设计具有良好的可操作性暗示。人们不会试图将纸张插入剪刀手柄的孔洞中，也不会试图将手放在刀刃上。然而，同样是日常用品，一些厂商所设计的固定电话机却呈现了另外一番景象。这些电话机上除了数字键外，还有五花八门的诸如“暂停”、“恢复”、“保持”等按键，然而很多人却不知道这些额外的按键有什么作用，如图 4-17 所示。即使阅读了说明书，有一段时间不使用也会忘记，以至于有人需要将说明书贴在电话机上。这类电话机的设计就体现了一种糟糕的可操作暗示。

同样的道理也适用于软件界面设计。一个软件具有良好的可操作暗示，意味着仅仅通过观察软件的界面元素，就知道对应的功能及使用方式。例如，一个按钮应当看起来像一个按钮，而不应当像一段文本、一个提示框或其他不可被点击的东西。

图 4-17　剪刀和固定电话

一个最为经典的例子就是早期网页中按钮的设计。那时的按钮往往采用了比较夸张的阴影以及明暗元素来实现一种 3D 的效果，仿佛按钮真的从网页中凸显出来，让人轻易理解操作这个按钮的方式是“按下去”，如图 4-18 中的 Find It 按钮。相反，现代的很多网页在设计中仅仅考虑了美观或简洁因素，却忽视了“可操作暗示”的重要性，为可点击的按钮和不可点击的文本采用了类似的设计，导致用户难以区分哪些内容是可以点击的。

图 4-18　早期 Web 按钮设计具有良好的可操作暗示

iOS 系统的键盘设计提供了关于可操作暗示的另一个绝佳案例。默认情况下，按下键盘上的字母键会键入小写字母；在 Shift 键处于按下的状态时，再按键盘的其他字母键则会键入大写字母。然而，在 iOS 7 中，Shift 键的状态从外观上来看却令人十分难以理解：一般状态下，Shift 键具有灰色背景，白色箭头；而在按键被激活时，它的颜色会和其他字母键的颜色变得一致（白色背景，黑色箭头），如图 4-19 所示。也许对于设计者来说两个状态具有十分明显的区别，但对没有经过训练的普通用户来说，其中的差别就十分晦涩了。很多用户可能盯着 Shift 键看了很久，也不清楚它到底是不是处于激活状态。

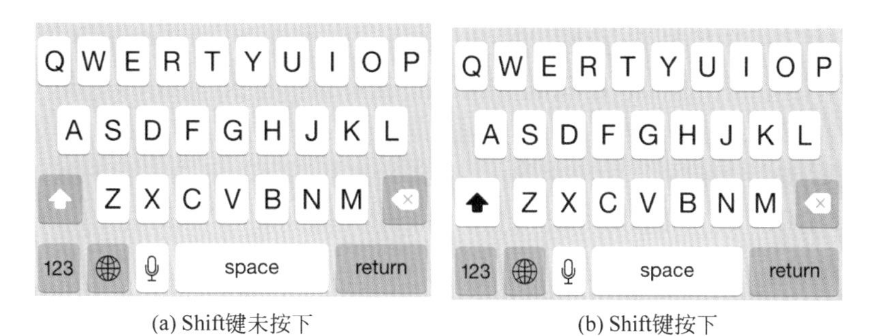

(a) Shift键未按下　　(b) Shift键按下

图 4-19　iOS 7 中的键盘设计

当然，在后来的版本中，苹果公司的设计师修复了这个问题。在新版本中，当 Shift 键没有激活时，按键上的箭头是空心的；激活后则变成了实心的，如图 4-20 所示。此外，更重要的是，当按下 Shift 键后键盘上的其他字母键上的字母也会由小写变为大写。这样一来，Shift 键的状态对用户来说就明显多了。

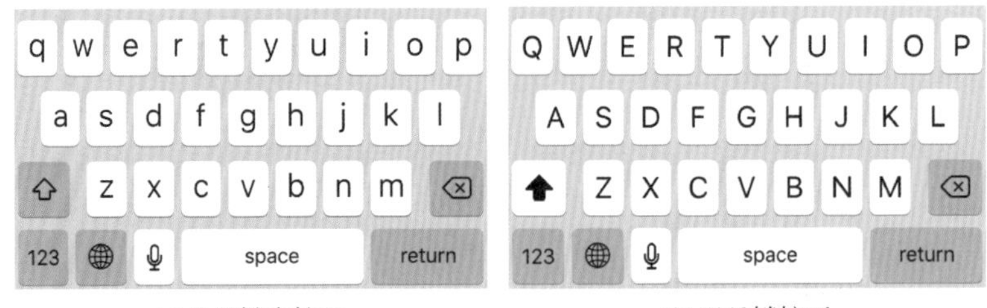

(a) Shift键未按下　　(b) Shift键按下

图 4-20　iOS 8 中的键盘设计

4.5 设计的规范性

在浏览网页的过程中，我们经常能看到一类圆形的“单选按钮”，用户可以从多个选项中选择一个。在如图 4-21 所示的某购车网站中，页面提示用户“选择一种类型的汽车”，并给出了 4 个选项：Sedans（四门轿车）、Coupes（双门轿车）、SUVs（运动休旅车）和 Hybrids（混合动力汽车）。然而，当用户单击选择其中的一个选项后，网页却会立即跳转到另外一个全新的页面——就好像用户刚刚点了一个链接。

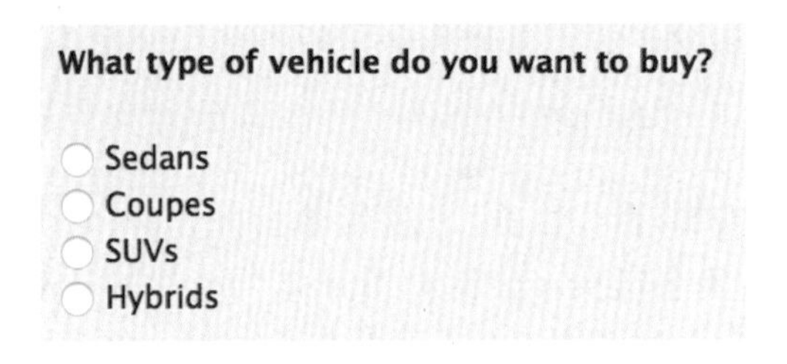

图 4-21　一组“奇怪”的单选按钮

无论设计者的初衷是什么，这样设计显然是有明显不足的：在之前的使用经验中，用户早已习惯了“单击单选按钮来选择其中一个选项”这种操作模式，因此，用户访问一个同样采用这一控件的新网页时，会不自觉地（并且合理地）假设它具有相同的工作方式。这种修改默认控件行为的设计无疑会让用户大吃一惊，有时甚至还会让用户感到茫然和气愤——也许之前的页面中还有用户希望保留的内容，但网站却“毫无征兆”地跳转了。

小贴士

网页在跳转及后退时，往往通过“状态”来保存用户的输入内容。除此之外，网页中还有一系列便利措施，例如自动完成、维持状态、功能链接等。

事实上，每个操作系统或平台都有一套独特的“设计语言”——无论是设计理念、设计风格、交互方式等宏观原则，还是控件、动画、文本的使用规范等细节，都是和平台紧密相关

的。例如，几乎所有的 Windows 和 Mac OS 应用程序都会包含一个“退出”按钮，用户可以单击来关闭该程序。但是如果把这一设计照搬到 iOS 中，在 iOS 应用的菜单中也添加一个“退出”按钮，就会显得非常奇怪了—— iOS 用户习惯上使用 Home 键，而不是从应用内部，来关闭一个应用。类似地，iOS 和 Android 操作系统中都有“标签式导航”这一设计方式，用户可以单击常驻于屏幕上的标签按钮来在应用的不同界面中进行切换。然而不同的是，iOS 的标签按钮往往位于程序界面的最底部，而 Android 的标签按钮往往位于程序界面的顶端（Facebook 官方应用在两个平台的不同设计就体现了这一点，如图 4-22 所示）。

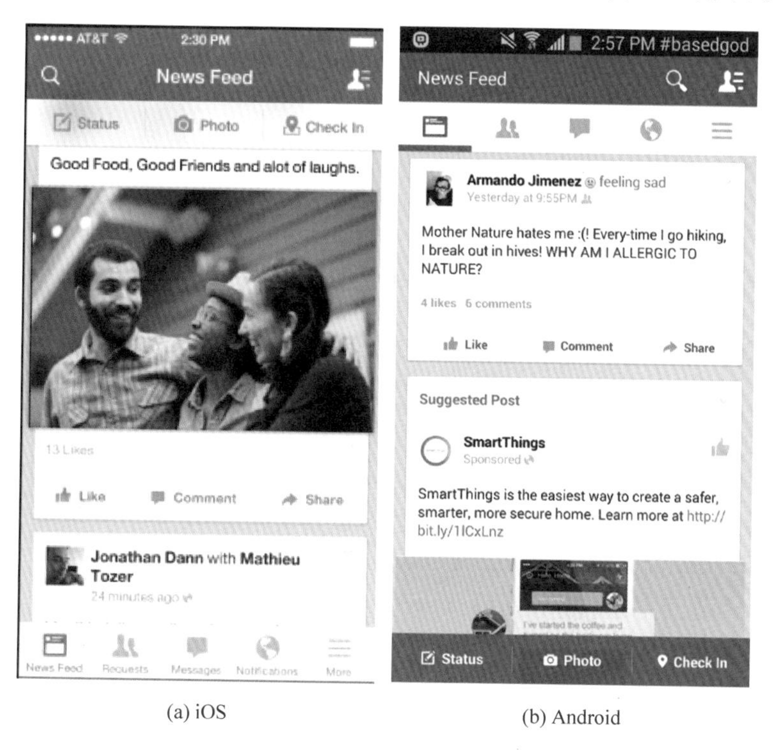

(a) iOS (b) Android

图 4-22 Facebook 官方 App 在 iOS 和 Android 上的不同设计

如果第三方程序的设计遵守这些“约定”，与操作系统和其他主流应用程序保持一致，用户在使用一个新的程序时就会倍感亲切，并不自觉地将在系统和其他应用程序中的经验应用到新的程序中，从而显著降低新用户的学习成本。相反，如果应用程序的界面设计和相应的设计规范背道而驰，或完全照搬其他平台的界面设计，很可能会令新用户感到迷惑，给他们带来一种应用“难以使用”的感觉。

大多数主流操作系统都有一套专门的“设计规范”，以供开发者和程序设计人员参考。例如，对于 Mac OS 应用程序，苹果发布过官方的“人机界面指南”，其完整版本在苹果开发者网站即可找到。对于 Windows 应用程序，微软公司也发布过诸如“设计 Windows 桌面应用程序”和“通用 Windows 平台应用程序指南”等设计方面的指导性材料。应用程序的开发者和设计人员在设计一个应用程序时，应当通读、理解并严格遵守相关设计指南中的设计要求。

4.6 设计的可用性和易用性

在设计和开发中，“可用性”(usability)是衡量一个应用程序用户体验好坏的重要标准之一。具有良好的可用性，要求应用具有如下三个特性。

- 容易学习和掌握。第一次使用该应用程序时，用户是否可以轻易学会使用应用的基本功能？如果一个程序的界面看起来十分复杂，或用户需要花费很长时间才能掌握一个应用程序的主要用法，他们很可能会放弃使用该应用程序。
- 高效。用户掌握了应用程序的使用方式后，能否快速地利用该应用程序完成相应的任务？如果用户使用一个应用程序需要花费相当长的时间，他们很可能会放弃使用该应用程序。
- 令人愉悦。总体上来说，使用一个应用程序的体验是否愉快？如果用户在使用一个应用程序的过程中的体验不佳(例如过小的文字、烦琐的操作流程、不合理的交互方式、难看的用户界面或图标，都可以是用户抱怨的原因)，他们很可能会放弃使用该应用程序。

没人喜欢使用复杂、晦涩、难以掌握的应用程序。为获得良好的可用性，在设计和开发的每个步骤和每一轮迭代中，开发人员都应该将软件的目标用户作为核心，在实际使用环境中，以真实用户的需求、偏好和习惯为导向，对产品的设计进行不断优化。在这一过程中，应该重点关注以下几个问题。

- 软件的目标用户是怎样一个群体？
- 用户的实际需求有哪些？
- 用户在相关领域有哪些背景知识？
- 用户希望软件具有哪些功能？
- 为了使用软件完成某项任务，用户需要得到哪些信息？这些信息应该以什么方式呈现？
- 根据现有设计，用户认为的软件使用方式和其真实使用方式是否一致？
- 是否有特殊的用户群体、需求、运行环境需要额外考虑？

4.7 设计的一致性

图 4-23 的(a)、(b)分别是两个操作系统在用户选择清空回收站前给出的确认对话框。二者的整体设计大同小异，但它们之间有一个重要的区别——Mac OS 系统的对话框的“确认”按钮在最右侧，而 Windows 系统的对话框的“确认”按钮在最左侧。

开发者(或界面设计师)在设计应用程序界面时也经常会面临这种两难的选择——“确认”按钮应该放在哪边比较好？这个问题在业界并没有一个“正确答案”，两方观点都有相应

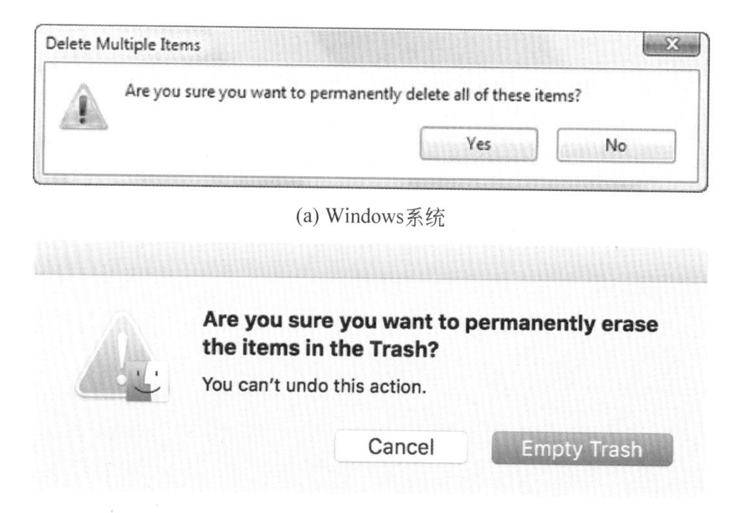

(a) Windows系统

(b) Mac OS系统

图 4-23 Windows 和 Mac OS 系统的确认删除对话框

的理论支撑。支持将“确认”按钮放在左侧的一方指出，大多数用户都是从左向右阅读的，因此将希望用户首先关注的按钮（重要的按钮）放在最左侧，是符合自然阅读顺序的。同时，支持将“确认”按钮设置在右侧的一方指出，单击“确认”按钮后一般会执行一个新的操作，其含义就相当于“下一步”；而“取消”按钮单击后一般会关闭当前的对话框（而不会执行任何其他操作），其含义类似于“上一步”。将“上一步”放在左边，“下一步”放在右边是符合直觉的，因此将“确认”按钮放在最右侧同样是符合逻辑的。

或许，Mac OS 和 Windows 操作系统的开发团队在这个问题上的看法不同，因此才形成了两个系统中的差异。不过对于应用程序开发者来说，双方观点哪个更有道理并不重要——和操作系统保持一致才是最佳的选择。用户在长期使用某一操作系统的过程中，对于确认和取消按钮的顺序早已形成了某种“肌肉记忆”，甚至大多数情况下不需要仔细查看就可以迅速地做出选择。如果一个应用程序在类似对话框中使用了相反的顺序，用户误操作的几率就会明显增大。

在界面以及交互设计中，追求一致性（consistency）是非常重要的。它允许用户将先前已经建立的使用习惯和知识带入到一个全新的应用程序中。如果应用程序的界面和交互设计不满足一致性要求，用户可能会感到困惑，从而增加应用程序的学习成本、增加误操作的机会，最终影响用户的使用体验。根据一致性的范围，可将其大致分为两类——外部一致性（external consistency）和内部一致性（internal consistency）。

4.7.1 外部一致性

每个操作系统都有其固有的操作模式及标准的用户界面元素，一个设计良好的应用应当遵循这些惯例。这就是“外部一致性”：一个软件应当和其他软件，乃至其所运行的操作系统保持一致。前文提到“确定”按钮的位置就属于一个“外部一致性”问题。显然，外部一致性问题的实际范围非常广，并且根据应用程序的类别和所运行平台的不同，所包含的具体设计要素也不尽相同。列举几个重要的外部一致性问题如下。

1 键盘快捷键

键盘快捷键可让高级用户更方便快捷地使用程序功能，但第三方应用程序在设计自身的键盘快捷键时，要注意遵循操作系统的惯例，尤其应注意不要覆盖系统内的默认快捷键，或改变常用快捷键的含义。

2 系统图标

大多数图形界面操作系统都使用图标来传达特定的信息。举例来说，在 Mac OS 系统中，习惯上使用眼睛图标表示“快速预览”，使用放大镜图标表示“搜索”，如图 4-24 所示。在使用这些系统图标时，第三方应用程序应当保证其所代表的含义和它在系统中的原本含义是相符的。例如，如果一个按钮的含义为“缩放”(而非“搜索”)，就不应该使用系统提供的放大镜图标，而应该使用其他不会引起歧义的图标。

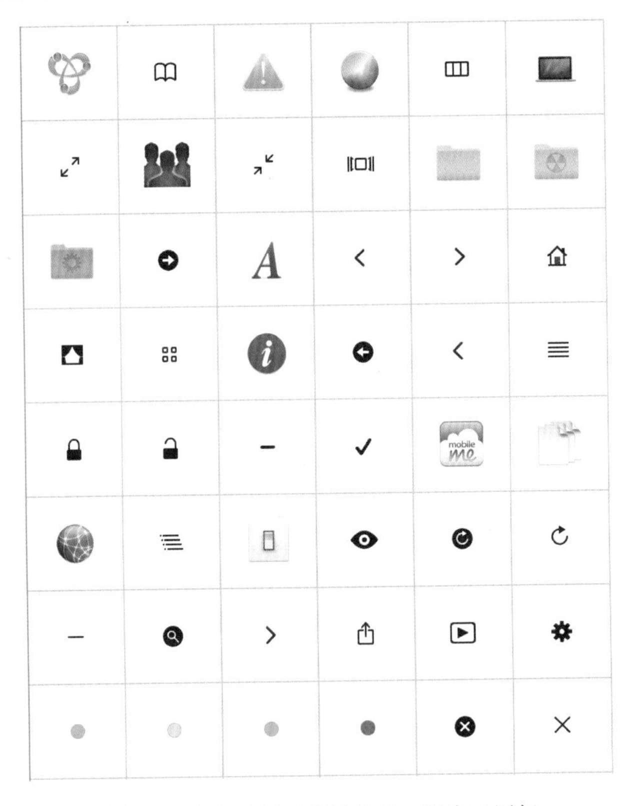

图 4-24　Mac OS 系统提供的一些内置图标

3 文本

文本通常会出现在操作系统和应用程序界面的各个部分，如按钮、标签、对话框等；正确地使用文本是设计良好且统一的用户界面的重要一步。很多操作系统在其设计规范中都

对文本的格式、措辞等做出了详细要求。例如，苹果公司在其 Mac OS 系统用户界面设计指南中规定，如果用户在单击一个按钮后需要进一步提供其他信息才能最终执行该按钮所代表的行为，那么该按钮标题的最后应当包含一个省略号，如图 4-25 所示。

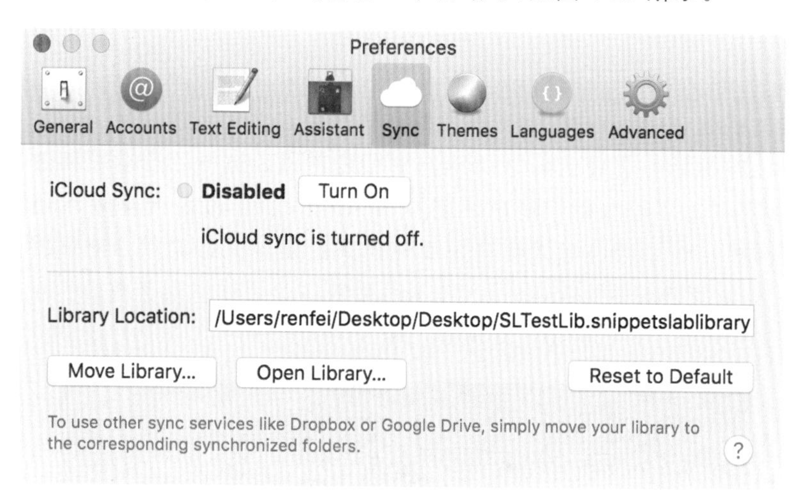

图 4-25　某软件的设置界面

4.7.2　内部一致性

有时，某些设计决策在操作系统层面没有固定的规范或惯例可供遵循，但在一个应用内部却应该保持统一，不应产生歧义或自相矛盾。这就是所谓的“内部一致性”。

内部一致性的一个非常重要的适用场景就是术语的选用。应用程序为了解决实际问题，往往会定义自身独有的概念。例如，一个照片管理应用允许用户以某种方式为照片进行分类。该应用程序将这些类别称为文件夹、目录抑或是类别并不重要；无论使用哪种名称，用户都能轻松地理解开发者的意图。但是，在应用程序的所有地方统一地使用同一个名称却是十分重要的。如果应用程序在某些地方将其称之为文件夹，在另一些地方却将其称之为类别，就会引起用户的疑惑和误解。

此外，在界面的样式设计上，一个应用也应当具有一个统一的风格，包括颜色搭配和使用、控件样式，字体、动画、阴影等各种设计元素的运用等。例如，如果软件的一部分使用红色表达“错误”或“警告”的含义，那么一般来说就不应当同时在其他地方使用红色来表达“喜庆”的含义。

4.8 设计的容错性

良好的“容错性”(forgiveness)允许用户大胆地探索一个应用程序的所有功能——因为绝大部分操作都是可逆的、非破坏性的。如果用户确信他们可以大胆地尝试每个按钮的用途而不用担心他们的操作系统或数据被损坏，应用程序的用户体验会大大提高。此外，良好的容错性也会让应用程序显得更加稳定、可靠。如果用户发现在一个应用程序中并不会因为无意中的操作就造成严重错误（如数据丢失或损毁），他们自然会更加信任这一应用程序。

例如，用户将要永久（不可逆地）删除一个文件时，Mac OS 系统和 Windows 系统都会对用户进行明确的提醒，并给用户机会在最终操作执行前改变他们的决定。

再如，Mac OS 的照片管理应用 Photos 允许用户对照片进行后期编辑和微调，用户可以修改照片的亮度、对比度等参数。用户在使用 Photos 对照片进行调整时，调整后的照片直到用户单击“完成”（Done）按钮后才会真正取代原来的照片。如果用户对调整效果不满意，可以随时单击“恢复原始状态”（Revert to Original）按钮将照片恢复到调整前的状态，如图 4-26 所示。

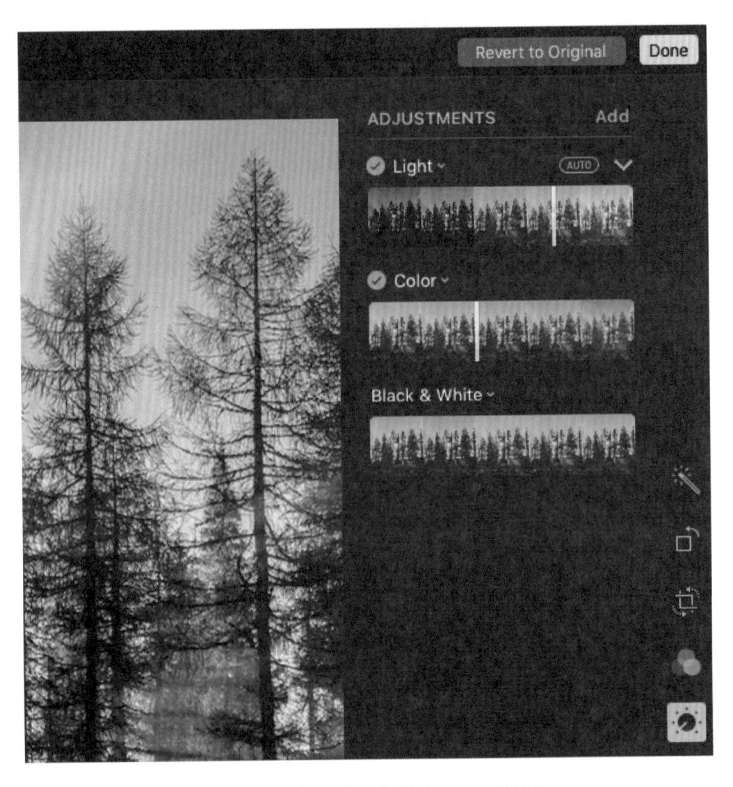

图 4-26　Mac OS 中的 Photos 应用

小贴士

用户会因长期的操作习惯而对不熟悉的软件形成先入为主的操作臆测。即使是对已经熟悉的软件，长期重复工作也会让用户产生习惯性操作。如果重大错误、异常情况没有为用户提供防错处理的话，极有可能引发操作失误从而产生严重后果。

习题

1. 在设计用户界面时，应当考虑哪些目标用户的特征？这些特征对用户界面的设计有何影响？

2. 为了在满足专业用户专业需求的同时不影响初级用户的使用和学习成本，软件设计师在设计软件的界面和交互时可采用哪些策略？试举例说明。

3. 什么是软件的心智模型？为什么应当依照心智模型（而非实现模型）对软件界面进行设计？

4. 隐喻在界面和交互设计中的主要作用是什么？一个好的隐喻应当具有什么特征？

5. 在将一款 iOS 中的应用移植到 Android 平台时，界面是否需要重新设计？为什么？

6. 在软件的设计中，保证界面的一致性有什么好处？

第5章

窗口

1973年，施乐(Xerox)公司的帕洛阿尔托研究中心设计并研制了历史上首个图形界面操作系统 Alto，该系统在历史上曾首次使用了窗口设计，其界面如图5-1所示。

图5-1　Alto的用户界面

从此之后，几乎在所有的桌面图形界面操作系统（无论是苹果电脑公司的 Macintosh 以及微软公司的 Windows，还是 OS/2、KDE 和 GNOME 等）中，“窗口”都是其用户界面中不可或缺的组成部分，如图 5-2 所示。

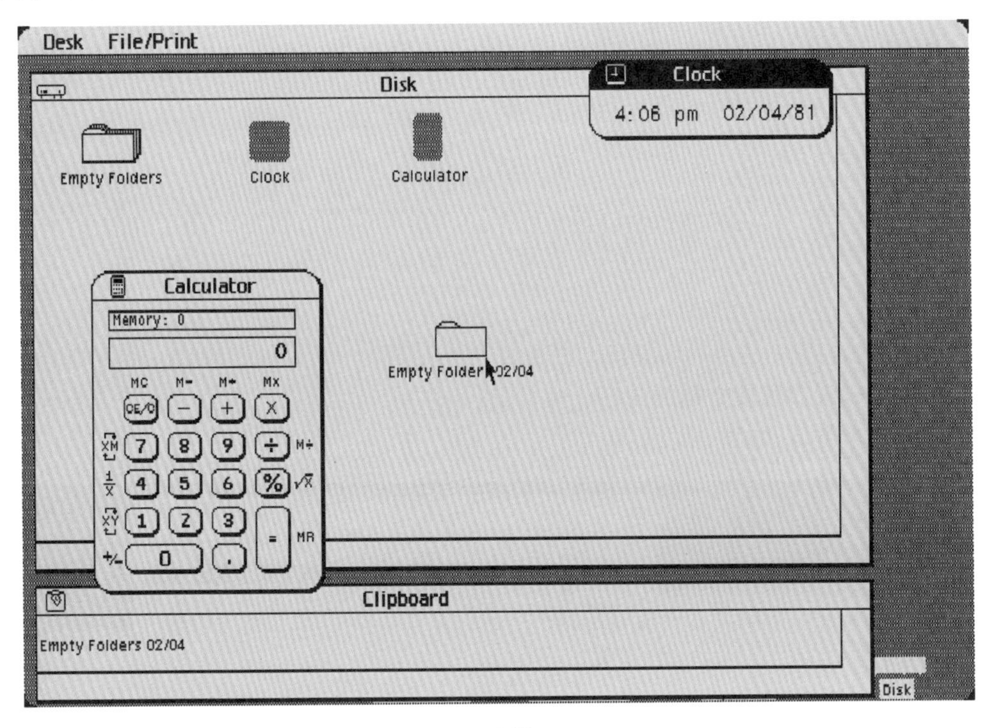

(a) 案例1

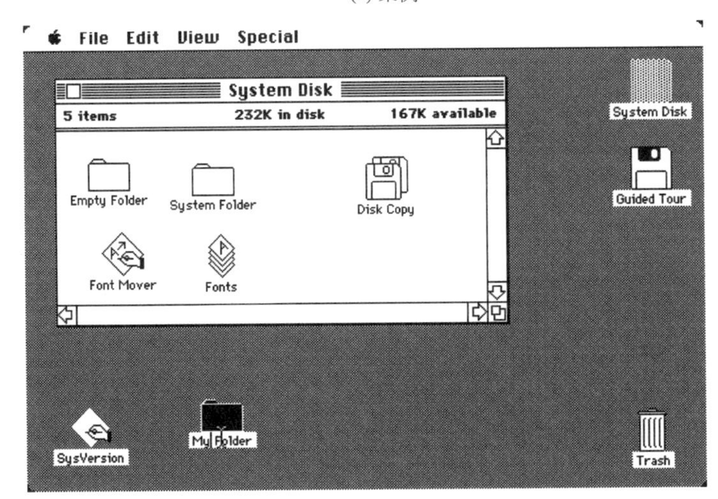

(b) 案例2

图 5-2　早期桌面系统中的窗口

从用户的视角来看，窗口往往仅仅是包含软件界面的一个正方形区域而已。但是从界面设计和软件开发的角度，窗口实际上可以根据其特性和使用场景分成多种类型。在设计时必须谨慎选用，才能给用户带来最佳的体验。

小贴士	虽然现在的移动平台不再以窗口为主要的界面划分依据，但多年以来的使用习惯使得窗口已经成为用户心目中程序运行的心理区域。目前，已经有移动操作系统使用分割式的显示来模拟多窗口浏览，虽然这在屏幕相对较小的移动设备上体验不佳。

5.1 基于文档的窗口

当用户双击打开一个 xlsx 文档时，相应的文档处理软件（如 Microsoft Excel）就会运行并打开一个窗口来加载该文档的内容。类似的，如果用户同时打开多个 xlsx 文档，Excel 就会相应打开多个窗口，如图 5-3 所示。

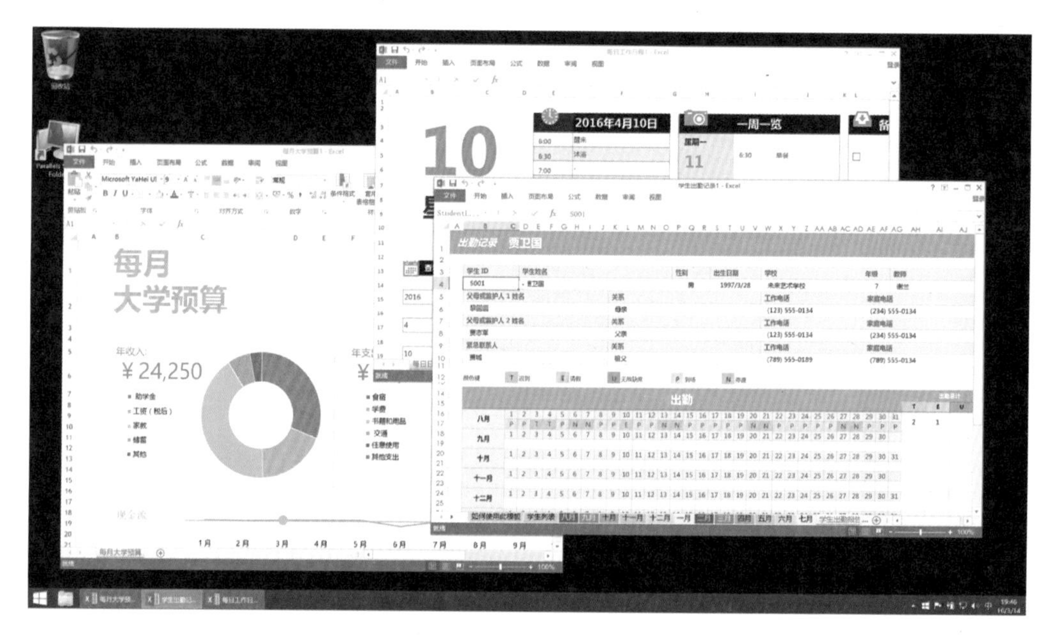

图 5-3 Excel 使用基于文档的窗口

像这样，如果一个窗口主要用于展示和呈现某个具体的文件，那么这个窗口就可归类为“基于文档的窗口”。通常情况下，如果一个应用程序的主要用途是处理一种或多种类型的文件，那么这个应用程序就需要创建“基于文档的窗口”来完成相应的任务。这种类型的应用程序有很多，比如 Windows 系统自带的 Windows 照片查看器、画图、记事本，以及 Microsoft Office 系列套件等。

用户往往可以同时打开多个文件，因此同一个应用程序也往往可以同时创建多个此类窗口。需要注意的是，一个基于文档的窗口仅仅代表并处理一个独立的文件，不同窗口之间一般不应该互相影响。例如，当用户使用 Excel 软件同时打开两个电子表格时，对

其中一个电子表格所进行的任何操作(如保存、重命名、关闭等)均不应该影响到另一个电子表格。

5.2 应用程序窗口

Windows 操作系统中的“控制面板”窗口、“计算器”窗口以及“任务管理器”窗口均属于“应用程序窗口”。和图 5-1 中基于文档的窗口不同,一个应用程序窗口往往和具体的用户文件没有直接关系。虽然这类窗口同样可以依托一个或多个磁盘上的文件来执行相应的任务,但用户在使用这类应用程序时,往往只会关心应用程序本身所提供的功能,而不会关心(甚至不会意识到)其背后所对应的文件。

最简单的情况下,同一个应用程序只创建一个应用程序窗口就可以满足用户需求了。例如,Windows 下“控制面板”这个应用程序的功能就是允许用户来修改系统设置,因此用户只需要打开一个窗口即可完成任务。用户通常无须“同时”修改多个系统设置,因此同时创建多个“控制面板”窗口是没有必要的。基于类似的原因,Windows 下的任务管理器也不允许同时打开多个窗口。

但在某些必要的情况下,应用程序也可以提供同时创建多个窗口的能力。例如,Internet Explorer 就允许用户同时打开多个浏览器窗口(用户经常同时浏览多个网页)。类似地,Windows 下的计算器应用也允许用户通过右键选择“打开新窗口”选项来同时创建多个窗口(在用户需要保留前一个计算结果并开始一个新的计算任务时,打开一个新的计算器窗口是最好的办法)。

在设计不是基于文档的应用程序时,程序设计人员应该谨慎决定是否允许用户同时打开多个窗口。一方面,同时打开多个窗口可以让用户方便地同时进行多项任务;另一方面,同时打开多个窗口也可能会增加应用程序的复杂性,并给用户造成误解。

5.3 辅助(工具)窗口

除主要窗口外,一个应用程序还可以同时创建若干辅助(工具)窗口,来为用户提供更加方便、灵活的使用体验。辅助窗口在 Mac OS 系统中被广泛地使用。例如,在使用 Mac OS 系统的“预览”程序打开一个图像文件或 PDF 文档时,用户可以打开“检查器”辅助窗口,如图 5-4 所示,来查看该图像或 PDF 文档的详细信息(如文件名、大小、版本、格式、修改日期、创建日期等)。

辅助窗口主要用来为主窗口提供额外的信息(功能),但它们一般无法独立发挥作用。因此,辅助窗口和一般的应用程序窗口有若干重要的不同之处。

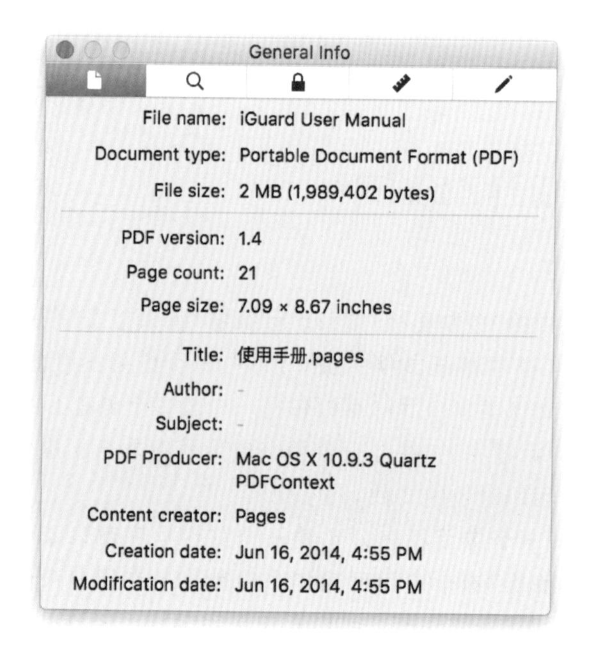

图 5-4　辅助窗口

- 辅助窗口往往悬浮于主窗口之上。
- 主窗口内容变化时，辅助窗口的内容应根据需要随之更新。
- 主窗口并非当前的活动窗口时，辅助窗口应被隐藏。

5.4 对话框和提示框

在用户界面设计中，对话框（dialog）通常用来帮助用户完成某些动作或要求用户提供某些信息，而提示框（alert）则用来向用户传达某个信息（有时还会让用户选取一种操作）。例如，在 Word 中，当用户单击“页面设置”选项时，软件就会弹出一个对话框，允许用户修改诸如页边距、纸张大小等设定项。而在关闭尚未保存的文档时，软件就会弹出一个提示框，询问用户是否保存更改，如图 5-5 所示。

- 默认按钮对应非破坏性操作。

设计人员在设计提示框时，为了方便用户，通常会指定一个“默认选项”，用户可直接按下 Enter 键（而不必移动鼠标）来执行“默认选项”。

用户可能由于误操作而意外按下 Enter 键。因此在设定默认按钮时，除了将默认按钮设定为最常用的按钮之外，还应考虑确保默认按钮对应的操作是非破坏性的。例如，在 Word 中，用户关闭一个尚未保存的文档时，系统提示用户进行保存的提示框的默认按钮为“保存”而非“不保存”。这样当用户无意按下 Enter 键时，文件会被保存，不会造成用户数据的丢失，如图 5-6 所示。

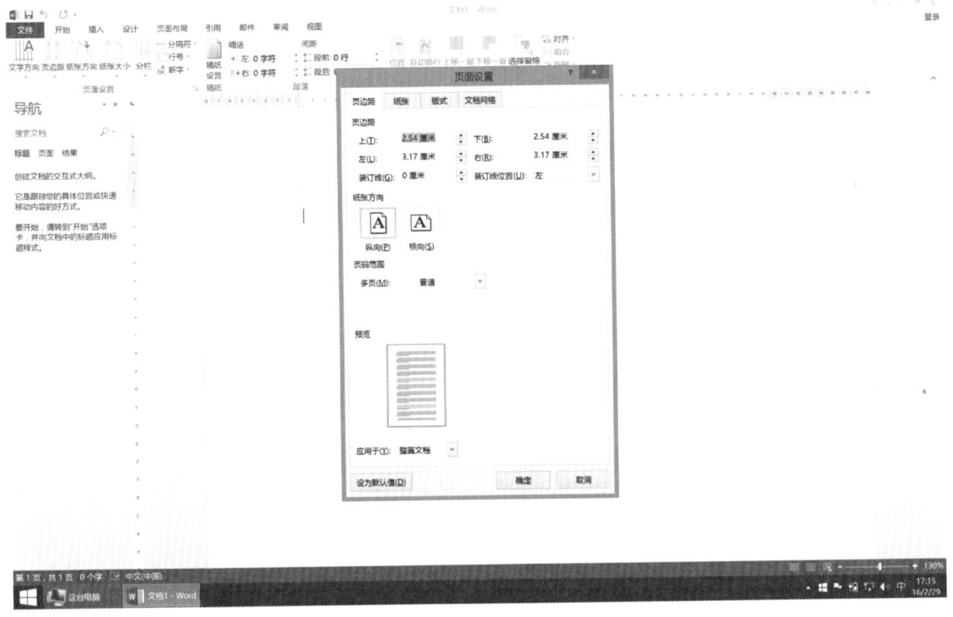

(a) 对话框

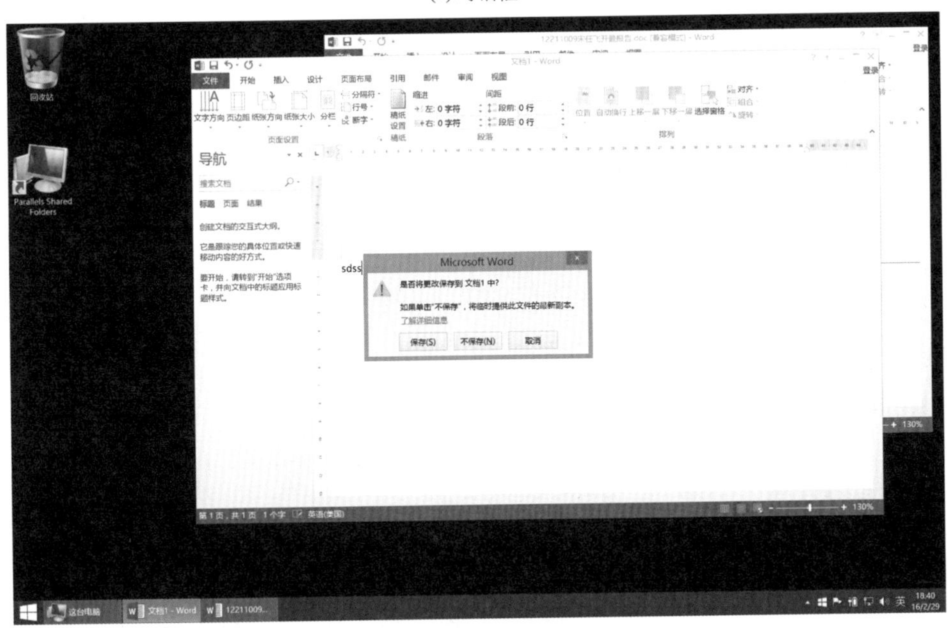

(b) 提示框

图 5-5　Microsoft Word 中的对话框和提示框

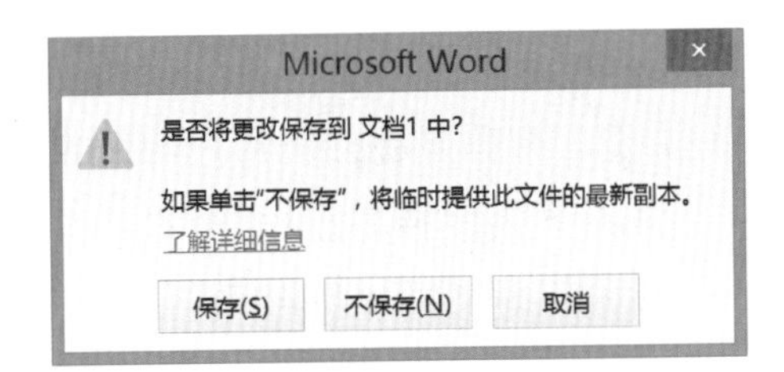

图 5-6　Word 的保存对话框

5.5 窗口的模态

根据对话框和提示框所负责的具体任务的不同，可根据窗口是否防止用户执行其他动作划分为三类。

5.5.1 应用程序模态窗口

如果一个对话框会阻塞整个应用程序所有窗口的其他操作，该对话框就是一个“应用程序模态窗口”。在这类窗口弹出后，用户在关闭该对话框之前无法继续使用同一应用程序的任何其他部分或功能。例如，在 Microsoft Word 程序中，用户打开“页面设置”对话框后，在关闭之前，不仅无法继续编辑同一文档，也无法继续编辑其他的文档。Windows 系统中广泛使用这类模态窗口，如图 5-7 所示。

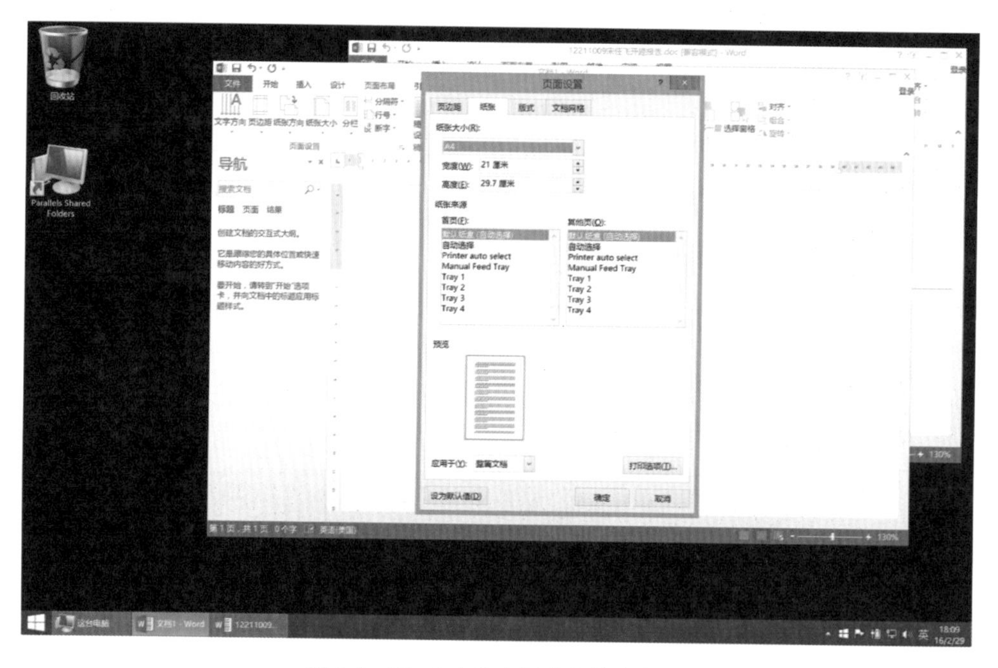

图 5-7　Word 中的应用程序模态窗口

应用程序模态窗口可以很好地吸引用户的注意，并强制用户立即完成指定的任务再继续使用同一应用程序。由于这类窗口会打断用户的正常工作，因此只应在确实必要时才使用，例如向用户呈现非常关键的信息，或在用户执行一项全局操作（如打开文件）时。

5.5.2 文档模态窗口

在一个基于文档的应用程序中，如果一个对话框弹出后，用户在关闭该对话框之前无法对该对话框所属的文档窗口进行其他任何操作(但依旧可以对其他文档窗口进行操作)，则该对话框就属于一个“文档模态窗口”。文档模态窗口的概念在 Mac OS 和 Linux 的一些发行版中被广泛使用。

例如，在 Mac OS 的 Pages(一个文档编辑软件)应用中，用户单击“打印”按钮后，软件会弹出一个“打印”对话框，让用户来设定打印选项。在这个对话框关闭之前，用户无法继续编辑同一份文档，但是却可以切换到另一份文档并正常进行编辑，如图 5-8 所示。因此，这个“打印”对话框就是一个文档模态窗口。

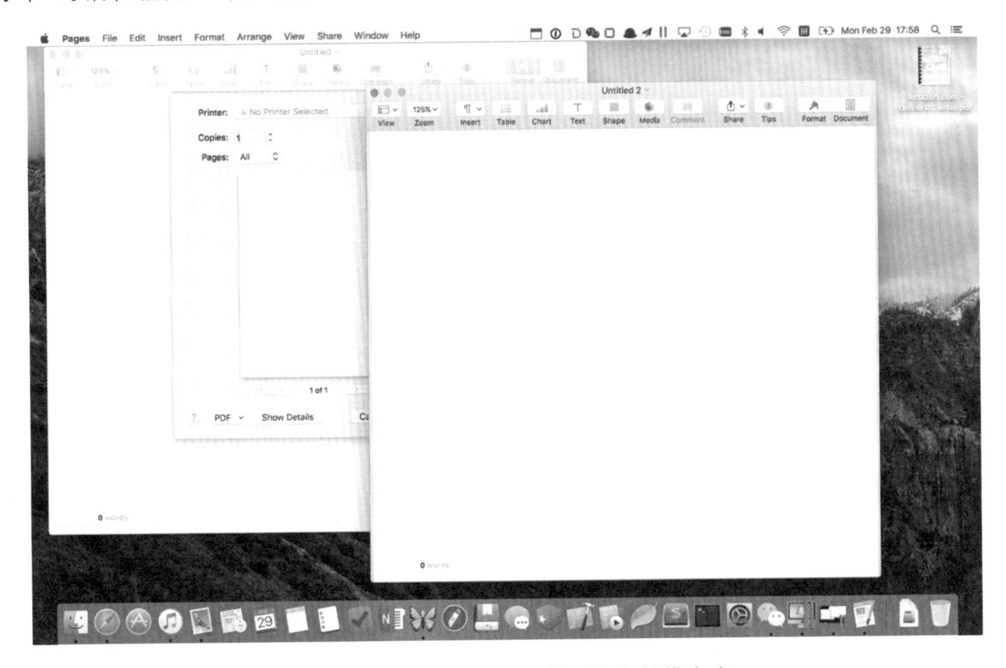

图 5-8 Mac OS 中 Pages 所使用的文档模态窗口

在 Mac OS 中，和一般的窗口不同，文档模态窗口是从创建它的窗口(又称为“父窗口”)的顶端向下滑动展开的，看起来就好像“附着”在了其父窗口上一样。这种设计更好地向用户传达了窗口之间的所属关系。

如果一个对话框所涉及的操作仅仅在打开它的文档的范围内有效(如打印、保存、导出等)，则使用文档模态窗口往往比使用应用程序模态窗口更加合适。

5.5.3 非模态窗口

如果一个对话框弹出后，用户可以在不关闭对话框的情况下继续使用应用的其他功能，则称这种对话框为“非模态”的。非模态窗口不会对应用程序其他部分的可用性造成任何影响，因此用户可以在暂时不对该对话框进行处理的情况下继续使用一个程序。正因为这种特性，非模态窗口通常用来呈现那些“非紧急”“非阻塞”“不需要立即处理”的信息。

这种设计对用户的干扰是最小的，因此，从用户体验的角度而言，应在可能的情况下尽量采用非模态窗口来替代模态窗口。

小贴士

悬浮提示可以当作是微型的非模态窗口。

习题

1. 窗口可分为哪几类？各有什么特征？

2. 什么是窗口的“模态”？

3. 在你熟悉的操作系统中，有哪些地方使用了应用程序模态窗口，哪些地方使用了文档模态窗口？

4. 应用程序模态窗口和文档模态窗口各有哪些典型的使用场景？试举例说明。

第6章

统揽功能布局：菜单

6.1 设计的功能美

现代设计活动一般是为了获得具体的设计产品，因此具有强烈的目的性。而随着有目的制造，艺术美感的需求也随之而来。虽然产品的本身目的是使用性，但是艺术更加体现出设计者对于优雅、严谨和秩序理念的追求。这种追求因为符合美学的规律和原理，便催生出一种独特的、现代的美感，体现为精简的造型、符合现代的金属质光泽、科技感等，如图6-1所示。

图6-1　现代楼房的功能美

设计产品的根本目的虽然是使用而非审美，但使用者在获得功能便利的同时对产品的设计产生了“美”的体验。这表示，功能美是在设计者和使用者双方的互相表达过程中产生的审美心理过程。

而且，产品的技术功能要通过设计的形式来表现，因此产品的功能美与可用性在相当程度上是互相转化的。换言之，在追求“功能美”的过程中，往往也实现了产品的“高可用性”；而在不断优化“可用性”的同时，也会创造出“形式美”。

6.2 图形化组件与功能美

图形化组件，是指在长时间的用户界面设计历史中，逐渐固化图形化界面的组成要素。例如菜单、按钮、文本框等。这些部分经过设计师与用户长时间的磨合，形成了固定的操作逻辑、心理暗示效果，以及基本统一的样式，不仅反映了前人对用户界面设计探索的结晶，也加速了后来的图形化设计过程。

而用户界面设计中的大部分图形化组件设计，如图 6-2 所示，都以追求功能美为第一要义。也就是说，图形化组件的设计（如位置、样式、功能布局），都是为了追求方便易用。例如，位置主要与使用场景有关，同一使用场景的组件应接近并形成组件组。样式主要与该组件表现的意义有关，通过外观反映其功能暗示等。

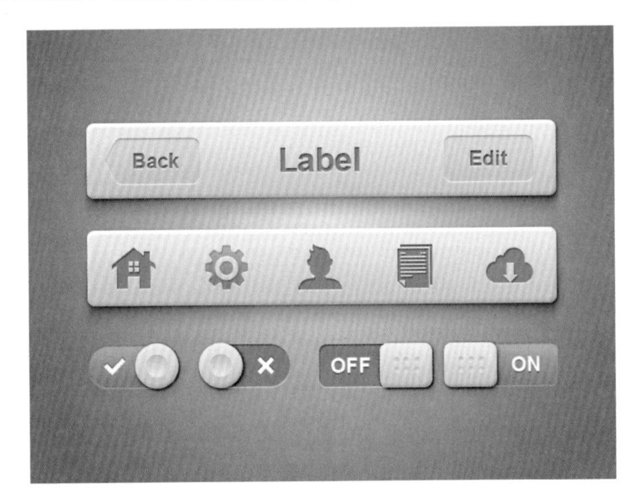

图 6-2　图形化组件的功能美

因此，在设计图形化组件时，必须首先考虑设计对易用性的影响。在追求功能美的过程中，加上一部分美学知识，便可达到优秀的使用体验和审美体验。

6.3 菜单

程序的菜单是最常被使用的图形化组件，广泛应用于各类系统软件、业务应用软件与游戏软件中，如图 6-3 所示。菜单向用户提供一系列的菜单项，对应使用软件中的各种动作，而用户选择并单击对应菜单项来完成操作。

如同它最初的意思一样，菜单的作用是向用户展示程序功能。菜单的布局在很大程度上影响软件功能的使用体验。对于菜单，设计者最常关注的是它的功能布局，也就是功能该

如何排布在一个或数个菜单上。一般来说，将一组相关的功能压缩到一个菜单中。这些功能往往具有相同或相近的使用场景。

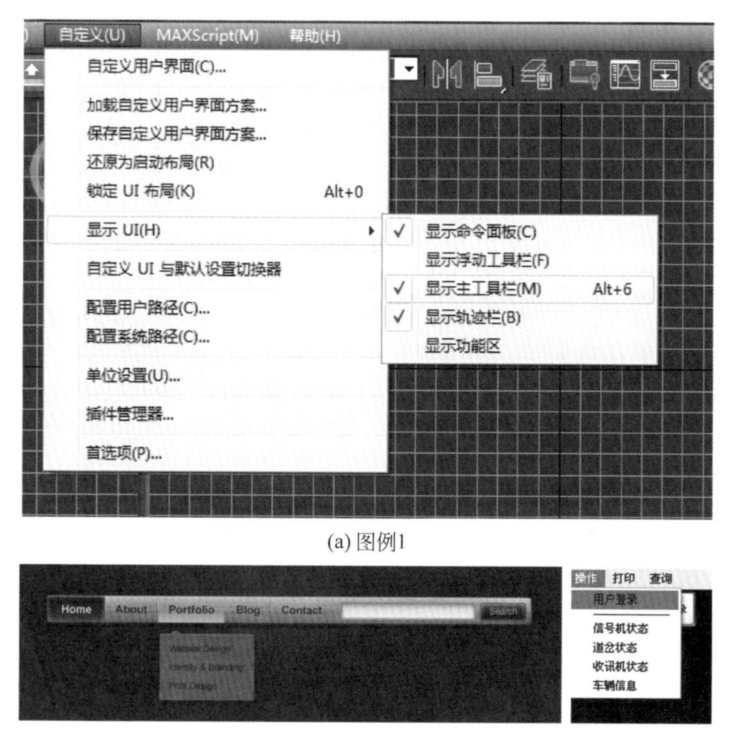

(a) 图例1

(b) 图例2

图 6-3　无处不在的菜单

菜单的使用场景是个重要课题。菜单的基本结构是同一组功能的折叠组合。那么菜单应该在何时使用？在现在的用户界面设计中，菜单有如下经典的使用场景。

1 菜单栏

菜单栏往往是一个业务型应用的整体导航，如图 6-4 所示。它位于整个界面布局的最上方，并在一行中列出该应用所有的功能大项。每一个大项都是一个树状折叠菜单，而大项本身则标志着本应用所能进行的基本操作逻辑。

图 6-4　一个典型的顶端菜单栏

不过，由于菜单栏无法直接承载菜单项，因此菜单栏的每一个大项往往配合多级下拉菜单使用。

小贴士

随着现代设计的进步，菜单栏也有了诸多变化。对于 Windows 操作系统来说，开始菜单的演化一直是各个版本关心的核心，在 Windows 8 中微软公司更是对开始菜单进行了大刀阔斧的改革。不过这种改革似乎过于超前，主要照顾到了平板电脑的使用体验而对传统鼠标用户不甚友好，因此在 Windows 10 中微软公司将其整合到传统 Windows 菜单的旁边，实现了一个中和的方案。

2 下拉菜单

下拉菜单是菜单的常见存在形式，如图 6-5 所示。“下拉”指这种菜单由其他按钮触发，并显示在该按钮的下方。该按钮就是这个下拉菜单的主项，因此，下拉菜单中的功能往往与主项有关，是主项意义的扩展与补充。

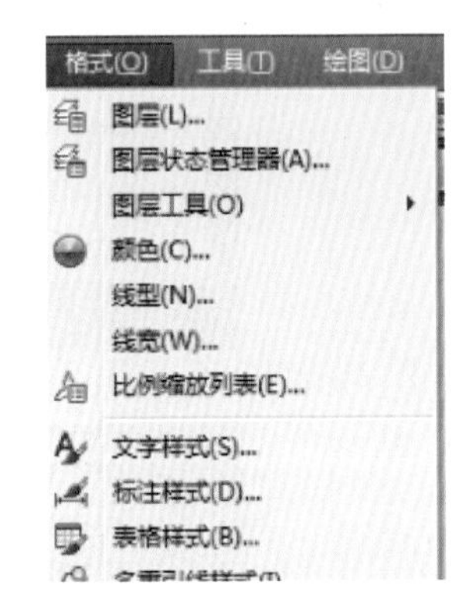

图 6-5　一个典型的下拉菜单

3 弹出式菜单

弹出菜单是指在特定条件下出现的菜单，如图 6-6 所示。该菜单没有按钮主项，而由特定按键触发(例如右键菜单)。因此，该菜单内的功能一般是一组快捷操作，与鼠标按键绑定触发时，其菜单项往往与鼠标的选中项有关。

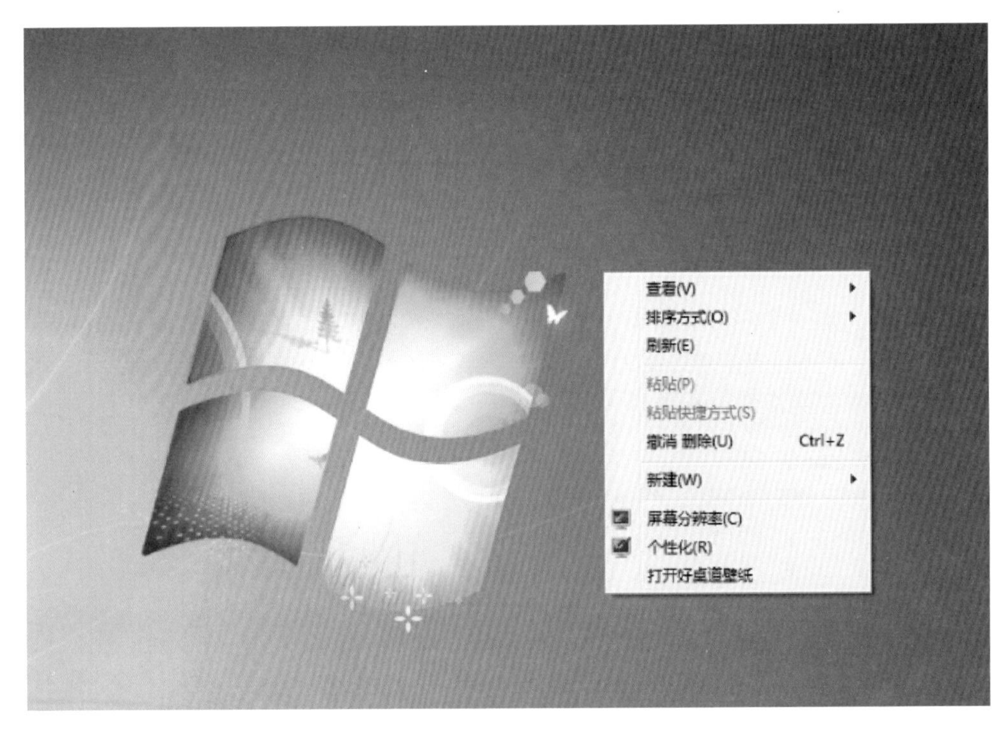

图 6-6　Windows 的右键弹出菜单

4 图标菜单（工具栏或工具箱）

工具栏或工具箱是一种特殊的菜单。在该菜单中，菜单项不是以文字而是以图标的形式存在的，如图 6-7 所示。因为工具栏或工具箱的这种特性，可以在狭小的空间中排列大量菜单项。一般会把业务逻辑中最常用的功能做成工具栏或工具箱的模式，以避免折叠菜单的寻找过程。不过，由于图标本身不一定能传达出设计者的设计意图，一般需要在工具按钮上附加悬停提示来引导对工具不熟悉的用户。

图 6-7　WPS 文字的工具栏

6.4 菜单的设计原则

在设计菜单的时候，遵循以下设计原则有助于菜单的逻辑清晰与布局美观。

6.4.1 菜单项的组织

▶ 按照功能与使用场景来组织菜单项。将具有类似功能或相同使用场景的菜单项安排在同一个菜单的同一层。

▶ 慎用多级菜单。本身将菜单项折叠到子菜单中，便会影响用户对该菜单项的使用。如果可能，尽量使用单层菜单。

▶ 如果使用多级菜单，菜单的深度不宜超过 4 层，宽度不宜超过 10 个。否则一方面给用户的查找带来不便，另一方面会占用过多显示空间，影响整体美观。

▶ 如果使用多级菜单，慎重考虑菜单项的排列顺序与嵌套关系。优秀的排列顺序有利于用户更快地找到想要的菜单项目，提高工具的操作效率。常用的排列逻辑有：按照字母排序、按照使用频率排序、按照操作逻辑排序。

▶ 尽量给菜单项多于一种调用方式，尤其是常用功能。例如设置快捷键。

6.4.2 菜单项的外观

▶ 合理命名菜单项的名称，并保持用词前后一致。使用用户熟知的名词来标识想要表达的功能。

▶ 应该对菜单项设置反馈标记。例如当前选中的菜单项设置高亮，对已经启用的选项设置√标识，对当前无法使用的菜单项设置禁用颜色。

习题

1. 什么是设计的功能美？
2. 图形化组件如何反映功能美？
3. 除了书中所述的，你遇到的菜单还有哪些使用场景？
4. 文字菜单与工具栏有哪些异同？
5. 你认为还有什么样的图形化组件是由菜单衍生出来的？请举例说明。

第 7 章

控件和视图设计要素

在用户界面设计中，“控件”指的是通过和计算机以及用户交互，来完成特定任务的一类视觉元素。控件的种类十分丰富，有的控件仅仅为用户提供信息（如文本栏、进度条、标尺等）；有的控件则可以被用户操作、接收用户的输入，并执行相应的操作（如按钮、菜单、滚动条、滑动条、文本输入框、取色器等）。而“视图”则往往指的是若干控件的集合。开发者通过将所需的控件合理地安排在一个视图中，来实现应用程序的相应功能。

例如，Microsoft Office 的“打开”窗口就是通过按钮、文本框、路径选择器、搜索框、菜单、表格等多种控件的组合应用，来实现选择并打开文件这一功能的，如图 7-1 所示。

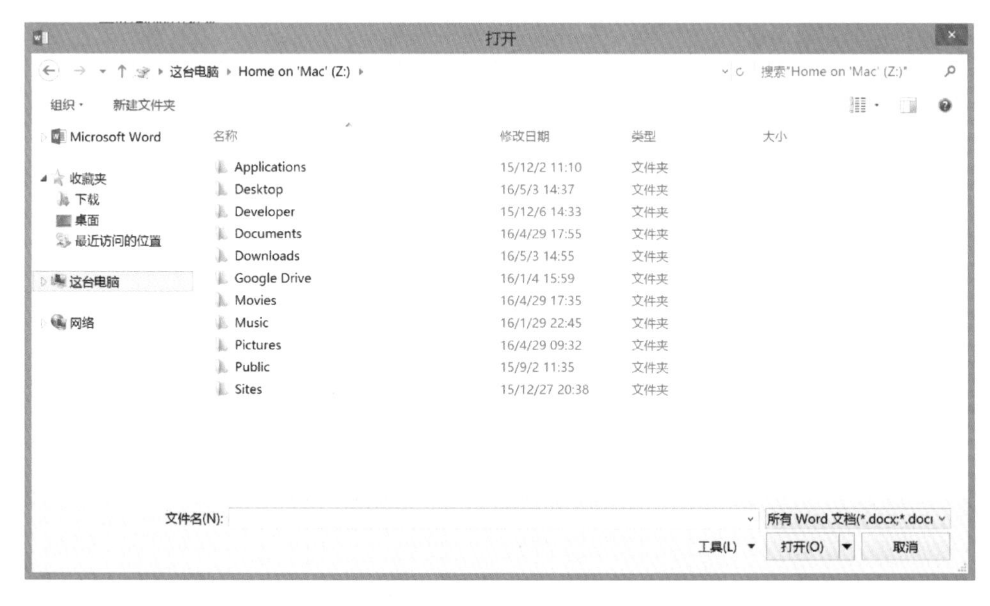

图 7-1　Microsoft Word 的“打开”窗口

7.1 文本的使用

在用户界面中，文本是最基本、最常见的用户界面元素之一。文本可能会出现在很多场景中，例如：

- 菜单及菜单项名称；
- 其他图形控件(如单选框、复选框、按钮)的名称或文字解释；
- 提示消息、错误消息。

图片和图标虽然比文字更加生动，但有时却不如文本直观易懂。因此，正确、统一地使用文本是设计优秀用户界面的重要前提。

7.1.1 术语的一致性

在文本的使用中，最常见的错误之一就是在程序中使用了前后不一致的术语。这会令用户感到迷惑，使软件变得难以学习和掌握。

为了更加方便地描述相应的功能，大部分应用程序都会在设计时引入一些软件范围内的术语。例如，一个邮件管理程序为了方便用户对邮件进行分类，引入了"文件夹"这一概念(术语)，用户可以创建新的文件夹，并将邮件移动到所创建的文件夹中。然而，在软件的其他一些地方，应用程序却使用了"目录"和"类别"这样的词汇来代替"文件夹"。例如，软件在本该使用"删除文件夹"的地方使用了"删除目录"，在本该使用"重命名文件夹"的地方却使用了"重命名类别"。虽然开发者内心非常清楚"文件夹"、"目录"和"类别"三个术语所代表的含义完全相同，但用户(尤其是新用户)则很可能会感到迷茫——当看到不同的用语时，用户很可能意识不到它们表述的其实是同一个概念。他们可以单击"创建文件夹"按钮来创建一个新的文件夹，但是却怎么也找不到"删除文件夹"按钮的位置。在这种情况下，用户需要花费时间去猜测"目录"和"类别"这类不一致的术语的含义，并尝试去单击这些按钮，才能最终确认应用中的"目录"和"类别"分别指的是什么。这是非常不友好的——毕竟，在单击"删除目录"按钮之前，用户无法确切地理解软件到底会将什么东西删除。

造成这类"术语不一致"错误的可能的原因有很多。一方面，一些初级开发者和开发团队由于实际项目经验不足，过多地从开发者自身(而非用户)的角度去对软件进行设计，很可能根本无法意识到术语不一致这一设计错误的严重性，而随意对界面进行设计。另一方面，在持续时间长、参与人员多的中大型项目中，出现沟通不畅、设计和需求变动、人员变动等情况时，如果对项目没有很好的统筹和管理，也很可能会导致这类问题。此外，在多语言应用程序中，如果翻译人员不够专业，也可能导致在本地化的版本中出现这样的问题。

常见的意思相似、易引起混淆的术语包括如下几类。

- 文件夹、目录、类别；
- 智能群组、智能文件夹、智能列表、智能目录；
- 属性、参数；
- 查找、查询、搜索、检索；
- 用户名、用户 ID、登录名、用户账号；
- 复制、拷贝。

要解决这一问题，一个简单而有效的方法就是在项目初始设计阶段，就准备一份"项目术语词典"表格，在其中罗列所有用户在应用程序界面，以及相关的文档、用户手册中能看到的每个概念所对应的词汇或术语，并确保每个设计和开发人员都按照这个表格进行他们的工作。

7.1.2 避免使用过于专业的词语

任何行业都有其所谓的术语或行话，软件行业也不例外。在开发应用程序时，开发者经常会犯的一个错误就是将软件行业的术语直接使用在了用户界面中。这一错误有时是由于开发者疏忽大意或缺乏这种意识，有时则是由于经验比较“丰富”的开发者已经难以辨别某一个词汇到底是软件行业的术语还是日常用语。

考虑几个在软件开发中常用的单词：缓冲区、字符串、默认选项、域名、服务器。这些较为专业的词汇对于开发者来说可能十分稀松平常，但对没有计算机学位的非专业的用户来说却通常难以理解。因此，在设计用户界面的过程中，除非该软件本身仅仅面向专业的软件工程师而设计，大多数情况下，都应当注意从一个普通用户的角度，而非开发者的角度，对用户界面中的用语进行编写，以保证其措辞对没有任何软件开发（或其他领域）专业背景的用户也是友好、简明的。

在将计算机专业术语替换为日常用语时，一个有用的技巧就是结合其语境，用该术语所代表的实际含义、对应的用户熟知的功能或实现的效果进行替换。例如：

▶ 将“字符串”替换为“文本”或“消息”（考虑术语所代表的实际含义）；

▶ 将“关闭无线电”替换为“飞行模式”；将“用户鉴权”替换为“账号登录”（考虑术语所对应的用户熟知的功能，如图 7-2 所示）；

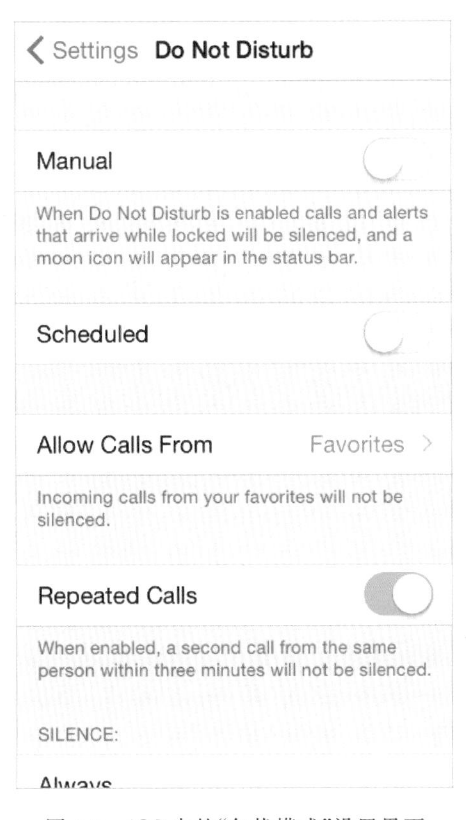

图 7-2　iOS 中的“勿扰模式”设置界面

▶ 将“禁用系统通知”替换为“勿扰模式”(考虑术语所实现的效果)。

> 小贴士
> 针对专业用户使用的工具软件,往往使用大量的相关领域专业词汇,以达到明确表述的目的。同时这种文本风格会提升专业用户的使用体验。

7.1.3 合理使用英文首字母缩写词

在用户界面中适当使用英文首字母缩写形式可以增加文本的可读性,并节约空间。但是,如果用户不知道这些缩写词的本来含意是什么,就会给他们造成困惑。因此,在使用缩写词时,应当遵循以下原则。

▶ 很多缩写词的使用范围十分广泛,有的流行程度甚至超出了其本来的形式。这类缩写词可以放心使用,如 CD、USB、UFO、CC、BCC 等。

▶ 谨慎使用可能有歧义的缩写词。根据语境,很多缩写词可以同时代表不同的含义,如 BMI 可以同时表示“身高体重指数”和“英国中部航空公司”。如果软件所提供的上下文不足以让用户对含义做出区分,则往往不应该轻易使用此类缩写词。

▶ 一般情况下,不要使用开发者自创的缩写词。这类缩写词对用户来说是陌生的,不仅难以辨认,还需要用户花费额外的时间和精力来记忆。

7.1.4 编写有帮助的错误消息

在使用 Mac OS 自带的应用“通讯录”时,用户有时会看到如图 7-3 所示的一条错误消息。

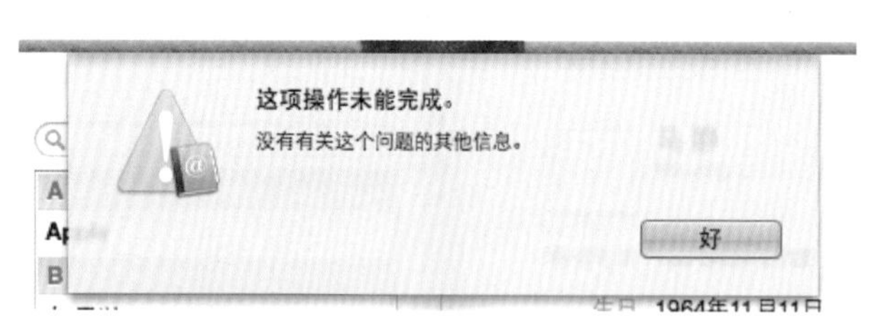

图 7-3　一条没有帮助的错误消息

面对错误提示,用户往往是沮丧的:错误提示的出现通常意味着他们的任务无法正常完成。令人遗憾的是,这一错误消息(“这项操作未能完成。没有有关这个问题的其他信息”)除了让用户更加沮丧之外,没有任何作用——它没有向用户解释错误发生的原因,没有给用户任何解决方案,也没有指导用户如何获取进一步的帮助。当然,应用程序的错误处理是十分复杂的,造成这类毫无营养的错误提示的原因也有很多。但无论如何,开发者应当做

出最大的努力，以避免向用户展示晦涩难懂、不知所云，或类似图7-3所示这种完全没有帮助的错误信息。编写一个简单易懂、对用户有实际帮助的错误消息对用户体验的提升是至关重要的。

1 无价值的错误消息

错误消息对用户没有帮助的情形之一就是没有提供任何有实际价值的信息。如图7-4所示中的案例，都是在软件使用中经常遇到的。

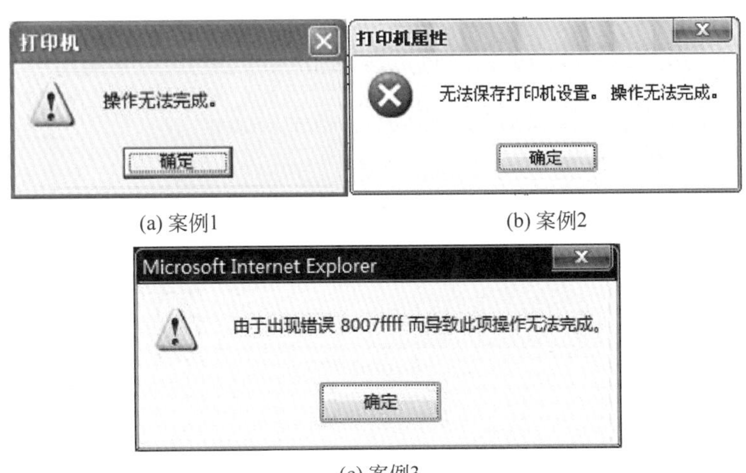

(a) 案例1　(b) 案例2

(c) 案例3

图 7-4　没有价值的错误消息

第一个错误提示只包含了一句话："操作无法完成"，这几乎是世界上最没有营养的错误提示了。第二个提示（"无法保存打印机设置。操作无法完成。"）指出了无法完成的具体操作，但对用户来说仍然没有实际意义。第三个提示（"由于出现错误 8007ffff 而导致此操作无法完成"）表面上提供了一点额外的信息，但 8007ffff 到底是什么意思？绝大多数用户都无从了解。

应用程序中包含这种错误提示的原因可能有很多。比如，有些开发者可能认为："这些错误提示都是在极少的时候才会出现的"，因此拒绝花费任何时间来认真编写错误信息。此外，由于程序架构等某些技术上的原因，可能开发者在错误发生时自己也不清楚其原因到底是什么（考虑用户在执行"打印"操作时，程序调用了函数 print 来执行相关任务；但是在 print 调用因为某些原因失败时，这一函数并没有向其调用者返回发生错误的原因，而是仅仅返回了一个 false 值作为错误的标志。此时，开发者就无从获得错误的具体信息）。

为了避免这类问题，开发者应当对应用程序的错误处理和错误报告引起足够的重视，花时间设计并实现良好的错误消息传递机制，以最大程度上保证在错误发生时，能够将最有用的信息呈现给用户，以便他们能够解决问题。

2 消息内容过于专业化

错误消息对用户没有帮助的第二种情形，就是消息内容过于专业化、和用户的实际操作关联性低。如图 7-5 中的案例所示。

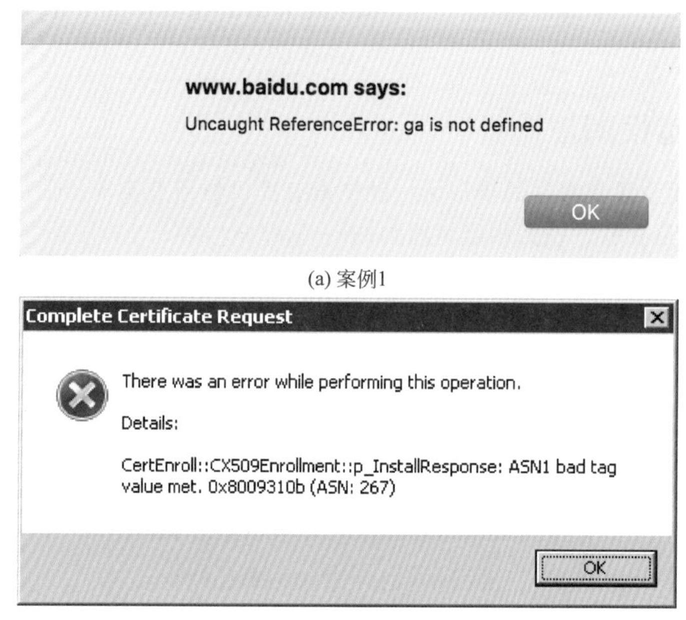

(a) 案例1

(b) 案例2

图 7-5　过于专业化的错误消息

上面的第一个例子中的提示信息事实上描述了一个 JavaScript 异常。网站前端开发人员能够理解这一错误的含义(所引用的对象 ga 不存在)甚至修复这个错误,但将其展示给用户是没有任何意义的。更糟糕的是,这个对话框中除此之外没有任何其他适合普通用户阅读的内容,因此这个提示似乎比前一种情形还要糟糕。第二个例子中,虽然首先将错误进行了简要描述,但其所展示的"详细信息"对绝大部分用户来说仍然是毫无意义的。

这类错误消息很大一部分来自底层的框架或代码。由于底层框架或代码经常是跨功能,甚至是跨应用程序、跨操作系统版本使用的,因此,在实现时会注重代码在不同场景中的"通用性",而忽视某个具体需求的"特殊性"(这类具体化的需求通常由应用程序上层业务代码加以满足)。因此,来自底层框架或代码的错误消息通常是从开发者角度编写的,技术性很强,并且往往和用户的具体操作关联性较低。

为避免这类问题,开发者在进行错误处理时,不应当为了简便而直接将底层代码提供的错误信息显示给用户。相反,在错误发生时,开发者应当结合当时用户希望完成的任务,结合底层代码提供的错误信息,尽可能将其转换为用户易于理解的形式,展示给用户。

3 没有提供解决方案

错误消息对用户没有帮助的第三种情形,就是没有针对具体问题提供清晰而有效的解决方案,如图 7-6 所示。

图 7-6 的第一个例子中,用户在一个应当输入日期的单元格输入了一个整数,WPS 表格弹出了提示"你输入的数据不符合要求,请重新输入"。这一提示看起来似乎还不错——它提供了真实的错误原因(没有只显示"无法输入"),并且措辞也不包含晦涩的专业术语。但

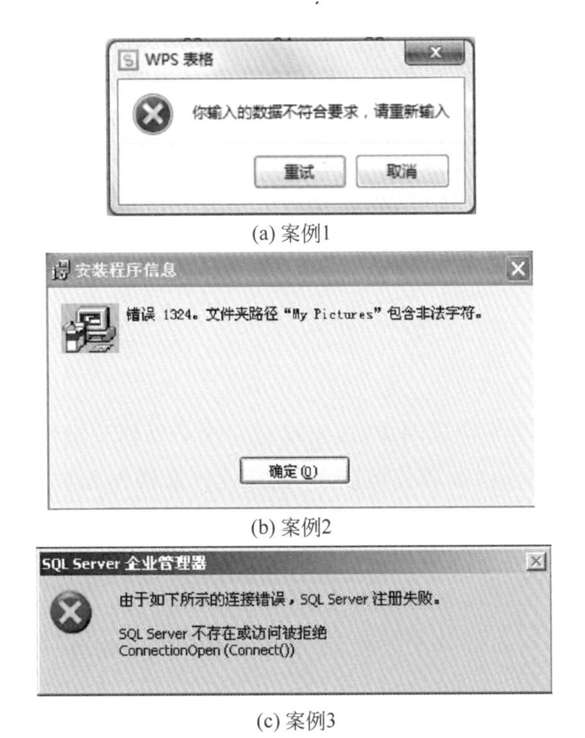

(a) 案例1

(b) 案例2

(c) 案例3

图 7-6　错误消息没有提供解决方案

若稍微深入思考，就会发现这一提示中缺少一个重要的信息："要求"是什么？应用程序期望用户输入日期、时间、还是字符串？会不会是长度不符合要求？如果用户不知道什么样的数据是符合要求的，他们就难以迅速改正这一错误。类似的，第二个例子中，用户在安装一个程序时收到了"文件夹路径'My Pictures'包含非法字符"这一错误提示。虽然提示中将出现的问题描述得很清晰，但应用程序却拒绝告诉用户哪些字符是非法的。在第三个例子中，"SQL Server 不存在或访问被拒绝"这一错误提示则是模糊不清的，因为它同时指出了两种可能的错误原因（不存在或没有权限），而这两种错误的解决方案显然是截然不同的。

造成这类错误的主要原因之一就是开发者在开发过程中为了节约时间成本，使用了过于概括的错误消息，并没有针对错误的实际情况进行修改。例如，可能某个电子表格软件中的每个单元格都有某种格式要求，无论具体的格式要求及用户输入的内容是什么，只要两者不相符合，电子表格软件就会统一提示"数据不符合要求"。

要避免这类问题，开发者应当建立更加灵活的错误消息模型，从而根据所发生错误的实际情况向错误消息中添加细节信息，如正确的数据格式是什么、非法字符有哪些等。

4 不必要的错误提示

错误消息对用户没有帮助的第四种情形，是这一错误实际上没有必要展示给用户。

如果一个错误对于用户对软件功能的使用不造成实际影响，那么这个错误通常不应当展示给用户。例如，在使用某款图片处理工具时，用户可能收到"网络连接失败"的通知——然而，该图片处理软件的功能并不需要联网即可完成。因此，这个错误提示是令人莫名其妙的。实际上，该图片处理工具的配置项中有一个选项："发送匿名使用数据"。如果用户启用这一选项，它就会定时在后台将软件使用频率等数据以匿名方式发送到开发者的服务器，以便开发者能够对软件各个功能的使用情况进行统计分析。这一功能本身无可厚非，但将这个过程中遇到的错误提示给用户，就显得毫无必要了。一方面，"发送匿名使用数据"这一功能对用户来说没有任何直接价值，因此用户不会关心这一过程是否发生了错误；另一方面，一个多余的错误提示不仅会打断用户的正常工作，还会让用户感到困惑，并给他们留下一种"软件不稳定"的印象。

5 总结

总结起来，一条有帮助的错误消息，应当尽量包含下面所列出的这些信息。

- 从用户角度出发的，错误的具体描述（用户的什么操作无法完成）；
- 错误的发生原因（最好以用户容易理解的方式表述）；
- 可能的解决方案，或对用户解决问题有价值的额外信息；
- 提示用户如何获取进一步帮助和支持；
- 包含额外的错误代码和技术信息，以便技术支持人员能进一步分析这一错误。

相反，一条不恰当的错误消息，往往会存在如下问题。

- 仅仅指出"发生了错误"或"操作无法完成"这一事实，却没有提供任何有关发生的错误的真实原因；
- 提供的错误描述和用户实际操作不相关；
- 没有提供有效的解决方案；
- 提供的错误描述或解决方案过于专业、晦涩难懂；
- 包含不准确、容易引起误解甚至是错误的信息；
- 这条错误信息是没有必要展示给用户的。

7.2 提供良好的响应性

用户使用一个应用程序的过程，从本质上而言，就是用户和该应用程序进行交流的过程。因此，用户希望了解应用程序的状态，并且当用户执行某一项操作时，他们期望应用程序能够迅速给出"回应"。具体来说，一个具有良好响应性的应用程序，应当具有如下特性。

- 用户进行某一个操作后，能够立刻了解到这一操作的效果（对用户的操作迅速给出反馈）。这里的"操作"可以包括键盘输入、鼠标单击、鼠标移动、滚轮滚动、触摸板手势等几乎所有类型的用户输入。
- 使得用户能够随时了解应用程序当前的状态。例如，程序是否正在执行某个用户关心的任务？用户的数据有没有被保存？特别的，如果应用程序当前正在执行一个耗时较长的任务，应用程序应当告知用户该任务目前的运行状态、剩余时间、完成进度等信息。
- 给用户提供适当的帮助与提示。

7.2.1 迅速给出反馈

需要注意的是，应用程序的响应性和它的性能没有直接的关系。"响应性"强调的是用户对应用程序即时状态的了解，以及应用程序对用户操作做出反应的速度；而"性能"则强调的是应用程序的底层引擎完成某一任务的速度有多快。一个设计有缺陷的应用程序即使在最先进的硬件上，也可能只能提供一个非常糟糕的响应性体验。另一方面，即使是速度很慢的电脑，也可以运行具有良好响应性的应用程序，迅速给出反馈。

我们在现实生活中按下一个按钮(想象键盘上的任意一个按键，或如图 7-7 中所示的汽车中控台中的空调按钮)的同时，这个按钮会被按下(下陷)一定的距离。也许同时按钮旁边的灯也会亮起，或者从某处发出某种声音来提示我们启用了一个功能。这些即时的反馈让我们确信自己确实按下了这个按钮，并且系统已经开始执行相应的任务(例如，输入一个字符或打开空调)。

图 7-7　汽车中的实体按钮

对于用户界面中的大部分控件，类似的道理依然成立。如果用户按下一个按钮、拖动某个滑块、单击一个菜单后，应用程序界面没有立刻给出任何形式的反馈，用户很可能会认为自己的操作无效，或该程序没有响应(就好像我们试图去按一个生活中的按钮，但却发现怎么也按不下去)。用户可能会重复操作、转而尝试去单击其他按钮，或干脆试图关闭程序。这会极大地影响用户对软件的正常使用。

事实上，人机交互(HCI)领域的相关研究表明，事件的"因果感知"的界限是 100 毫秒(0.1 秒)。如果用户执行一个操作与界面给出反馈的时间差超过了 100 毫秒，界面给出的反馈就不会被用户自然而然地视为对其动作的反应，导致用户感觉界面反应迟钝、响应性差。注意，这一规则并不是要求软件必须在 100 毫秒内完成相应的任务，仅仅要求按钮在 100 毫秒内告知用户它被按下了(或用户的操作被接受了)。

1 按钮的反馈

正因为如此重要，对用户的即时反馈在界面和交互设计中的应用非常普遍，典型的一个例子就是按钮。在 Windows 操作系统中，当用户单击一个按钮时，该按钮的背景会由灰色变成蓝色，以提示用户该按钮已被按下。类似的，当用户鼠标光标经过菜单时，对应的菜单项的背景也会变为蓝色，以提示用户当前选中的选项，如图 7-8 所示。

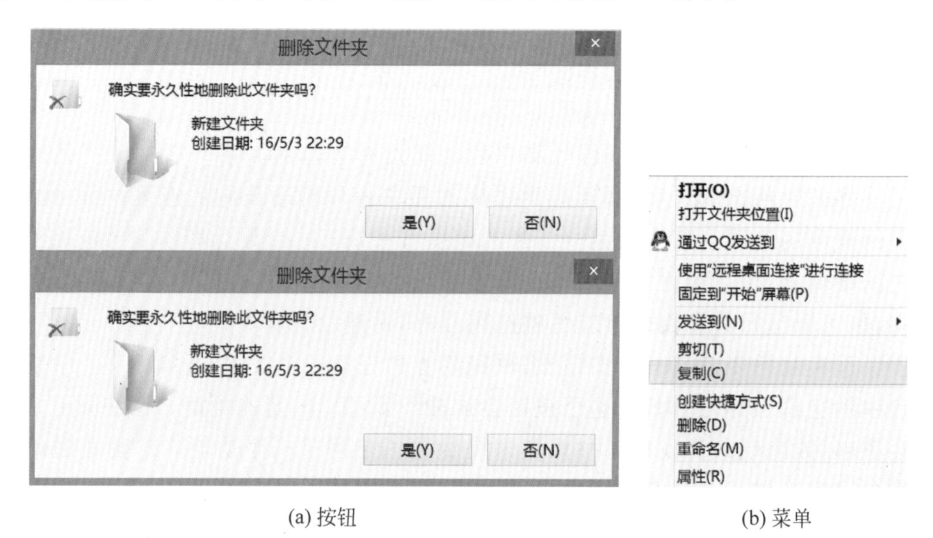

(a) 按钮　　　　(b) 菜单

图 7-8　按钮和菜单的背景随着用户操作发生变化

Google 的用户界面设计规范 Material Design 中对按钮的相关规定也体现了类似的原则。在 Material Design 中，一个按钮共有 4 种可能的状态：正常（Normal）、获得焦点（Focused）、被按下（Pressed）以及被禁用（Disabled）。正常情况下，按钮处于“正常”状态；用户使用 Tab 键切换焦点时，一旦焦点移动到该按钮，按钮会切换到“获得焦点”状态。用户使用鼠标按下按钮时，按钮会短暂地切换到“被按下”状态，直到用户释放鼠标按键。如果因为某种原因该按钮对应的功能不可用，按钮则处于“禁用”状态。这 4 种状态的颜色各不相同，用户通过颜色的变化可以很容易地获得相应的反馈。此外，当用户单击一个按钮的一瞬间，按钮上还会出现一个“波纹”动画，以用户鼠标实际按下的位置为中心扩散到按钮的边缘，对用户来说也起到了一个非常好的提示作用。实际样式如图 7-9 所示。

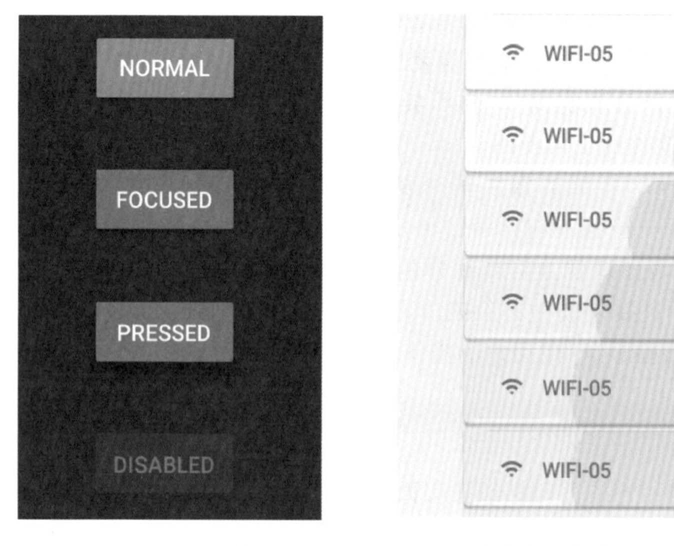

图 7-9　Material Design 中的按钮样式

在按钮反馈方面，QQ 邮箱（如图 7-10 所示）就做得不够好。在 QQ 邮箱的主界面中，用户单击左上角的“收信”按钮后，该按钮并不会有任何变化，屏幕中也不会弹出任何提示信息告知用户收信已完成（或收信操作正在执行中）。由于无从得知他们的操作是否已被系统接受，用户只能转而通过单击“刷新”按钮来强制刷新页面。

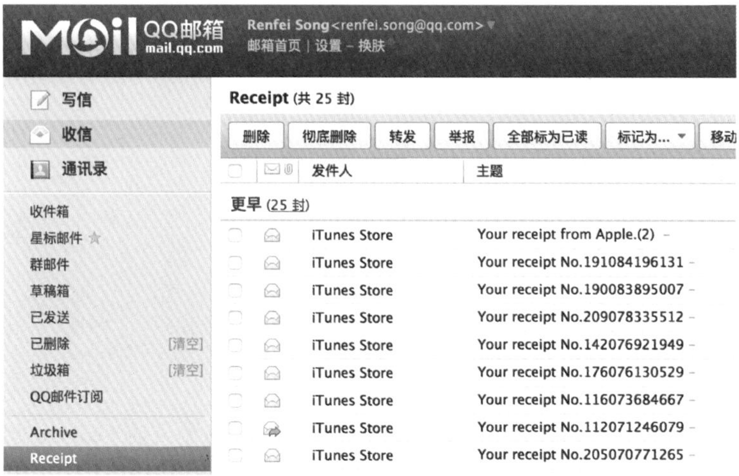

图 7-10　QQ 邮箱的收信界面

2 渐进加载

在加载某些较大的资源时，提高软件的响应速度的一个有用技巧就是渐进地显示加载的数据，而非等所有资源加载完毕后一起显示。这一技巧在 Web 技术中应用非常广泛。例如，当我们打开一个包含很多图片、样式、字体等资源的网页时，浏览器会首先下载页面本身并将其显示出来，然后再逐渐将图片、样式、字体等外部资源填充到页面当中。虽然并不会对真实加载时间产生影响，但这种渐进式加载的方式可以让用户首先浏览最重要的内容，同时让用户感知到的加载时间大大缩短，从而提升用户的体验。

这样的例子还有不少。例如，Sketchfab 是一个 3D 模型社区，允许用户交互式地在线预览 3D 模型（用户可以放大、缩小、旋转、移动模型，如图 7-11 所示）。在加载模型时，Sketchfab 会首先加载一个低质量的贴图展示给用户，然后再随着资源的下载，逐渐应用高质量的贴图。

7.2.2　让用户明确程序当前的状态

响应性的另一个要点就是要让用户充分了解应用程序当前所处的状态。这里所说的“状态”可以是应用程序正在执行的操作，可以是当前某个任务的进度（或进展），也可以是任何和应用程序的功能或用户数据相关的信息（如当前的运行模式、用户数据是否被保存等）。让用户充分了解应用程序的状态，可以给他们带来一种安全感和掌控感，从而提升用户体验。

图 7-11 Sketchfab 浏览模型界面

1 进度条

进度条在操作系统中的用处非常广泛。用户在安装程序、复制资料或下载文件时，系统一般都会提供一个进度条，以指示任务完成的进度。有时，进度条旁边还会显示着“已用时间”和“预计剩余时间”，以让用户对任务的完成情况有更好的估计，如图 7-12 所示。

面对未知的事物，人们总是希望能够有一些确定性，进度条就是利用了人的这种心理。虽然实际上完成一个任务花费的时间并不会因为进度条的存在而缩短，但通过持续地让用户了解系统的工作状态，给用户建立一个目标和期望，能够极大地缓解用户的焦虑感。

2 “不确定模式”的进度条和忙碌指示器

然而，并不是所有耗时的任务都会有一个确切的进度。对于有些操作，例如搜索、连接或从某些服务器下载文件，开发者不可能掌握一个确切的完成百分比，也无法估计出大致的剩余时间。在这种情况下，可以考虑选用一种工作在“不确定模式”的进度条（或忙碌指示器），如图 7-13 以及图 7-14 所示。此类进度条不能为用户提供一个确切的进度估计，但通过动画效果向他们表达了“软件正在积极地完成任务”的信息，同样可以一定程度上安抚用户，让用户的等待过程更轻松愉快。

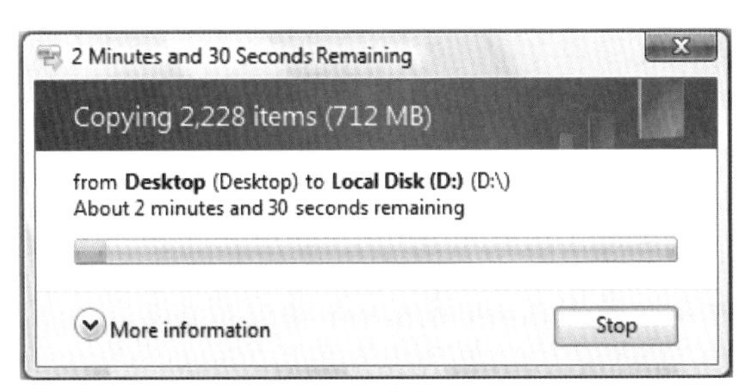

(a) 案例1

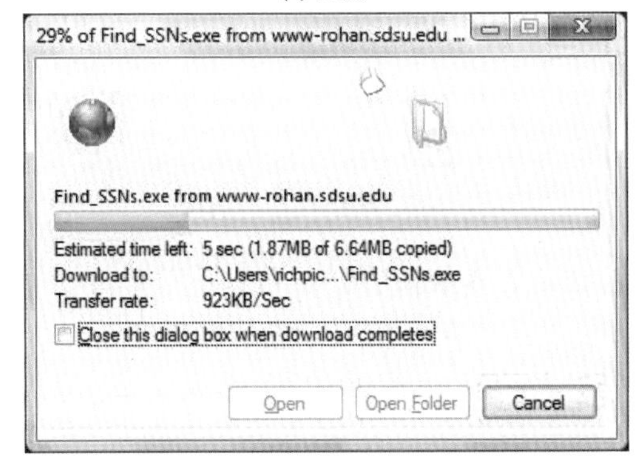

(b) 案例2

图 7-12 Windows 系统中的进度条

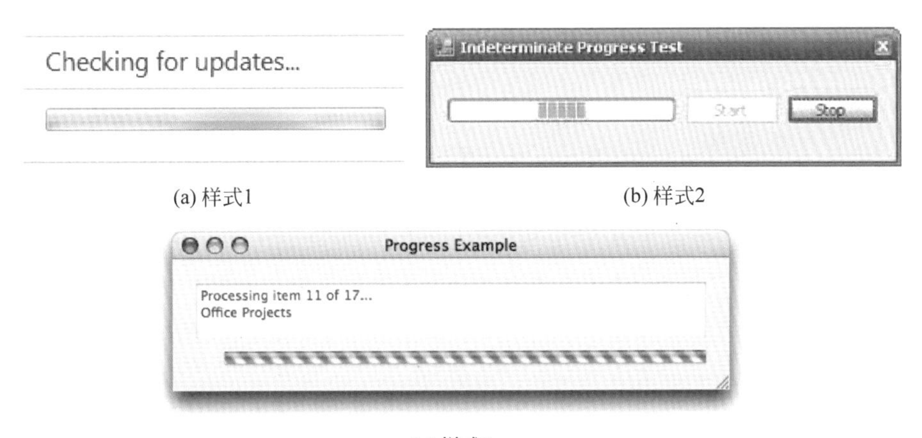

(a) 样式1　　(b) 样式2

(c) 样式3

图 7-13 “不确定模式”进度条

图 7-14 忙碌指示器

在不同的硬件配置、软件环境、软件配置下执行同一个任务的耗时通常是不同的。同样一个操作，很可能在开发者的计算机中可以瞬间完成，但在客户的机器上却需要等上半分钟甚至更长。作为一个实际例子，打开文件的速度通常情况下是很快的，无论是用 Microsoft Word 打开一个文件，还是用 Photoshop 打开一张照片。但是，在文件很大的情况下，需要的时间很可能就难以估计了(有些高清图片的大小甚至可以达到几十 GB、甚至上百 GB)。此外，如果用户的磁盘此时正在被阻塞，或用户试图通过网络打开一个位于远程位置的文件，打开操作都可能会变得非常耗时。因此，当开发者认为某一个操作"将很快完成"，因此没有必要提供进度条或忙碌指示器时，一定要特别小心。除非确信没有任何一个因素可以令该操作花费比平时更长的时间，在操作进行时尽量给用户一个视觉上的提示(而不是直接失去响应)是十分必要的。

3 通知和其他方式

除了进度条之外，应用程序还有很多种告知用户程序当前状态的方法，显示通知就是其中之一。

在 Gmail 邮箱中，用户打开一封邮件时，如果网速较慢，网页中会显示一个"正在加载…"的通知，以提示用户他们的请求正在被处理。如果经过一段时间邮件仍然没有加载完毕，通知的内容会进一步变成"仍在加载…"，以便让用户确信系统仍然在正常工作。无独有偶，Dropbox 页面在加载期间也会显示类似的提示，以让用户安心，效果如图 7-15 所示。

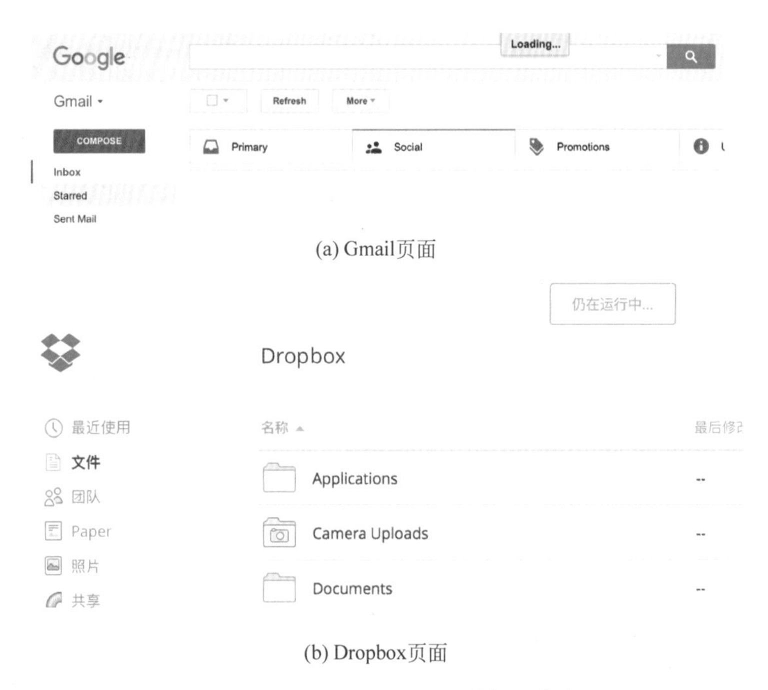

(a) Gmail页面

(b) Dropbox页面

图 7-15 Gmail 和 Dropbox 的提示信息

Mac OS 的 Pages 是一款电子文档编辑软件。在使用 Pages 应用时，如果用户对文档做出了修改而还没有保存，应用程序会在标题栏处显示一个 Edited(已编辑)信息，以提示用

户当前还有尚未保存的编辑。当用户使用 Command-S 键盘快捷键或其他方式保存文档后，Edited（已编辑）字样就会消失，以提示用户保存操作已经完成，如图 7-16 所示。这一设计巧妙地将“状态”和“反馈”结合了起来，给用户带来了良好的体验。

图 7-16　Pages 的“编辑状态”提示

小贴士

在设计中，这种响应设计可以被称为“让位于 UI”。

7.2.3 给出适当的帮助和提示

理想的情况下，如果软件的界面和交互设计得足够易用，用户可能无须参考任何帮助文档就可以自行掌握软件的使用方法。但是，对于一些高级或非常用的功能，用户很可能仍然需要一定的辅助才能理解它们的用法。

1 使用工具提示

工具提示（tooltip）是当用户将鼠标光标移动到一段文本、一个按钮或其他控件上方时，显示出的一段相关信息，如图 7-17 所示。工具提示通常被用来进一步描述或澄清对应控件的功能，从而帮助用户更好地理解他们所不熟悉的控件。例如，用户看到一个按钮上包含一个他们不熟悉的图标时，就会下意识地将鼠标光标悬停在该图标上，以试图获取更多的信息。

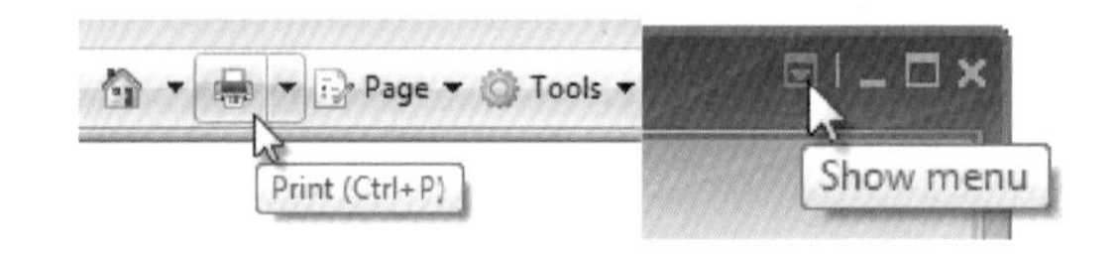

图 7-17　Windows 系统中常见的工具提示

通常情况下，所有只包含图形、不包含文字的按钮都应当配有相应的工具提示，以解释和澄清这些按钮的功能。有些情况下，开发者会武断地决定某个图标的表意足够明确，因此没有必要添加额外的提示——然而不幸的是，这个想法是错误的。由于用户的年龄、经历、文化、性格，甚至种族、国籍、语言各不相同，不同人对于同一个图形符号的理解很可能是截然不同的。例如，对于富有经验的计算机使用者而言，使用软盘符号代表“保存”是显而易见的，毕竟早在 1984 年开始第一代 Mac OS 就开始使用 3.5 英寸软盘的图标来表示“保存”这一含义了。可是，虽然 3.5 英寸软盘曾经盛极一时，但自从 20 世纪 90 年代以来，软盘使用量大幅下降，很多 2000 年以后出生的用户甚至根本没见过真实的软盘。对于他们中的一部分来说，这个“保存”按钮的含义可能就不是那么明显了。

此外，对于某些含义不甚明了的按钮，也可以使用工具提示来对其效果进行详细说明。例如，在 Windows 的资源管理器中有一个“E-mail”按钮，在第一次看到这个按钮时，用户很可能不清楚它是如何工作的。因此，用户将鼠标光标悬停在上面片刻后，资源管理器会弹出一个工具提示“将选中的文件以邮件附件形式发出”，以帮助用户理解单击该按钮后会发生什么，如图 7-18 所示。

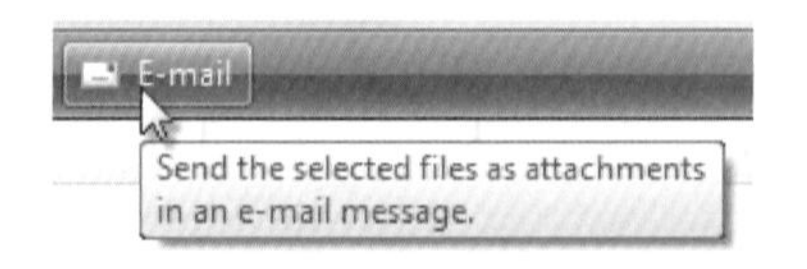

图 7-18　使用工具提示对软件的功能进行解释

合理使用工具提示可以节约用户界面的空间，让界面看起来更加简洁、高效。但同时，这一特性（除非用户显式地将鼠标光标移动到某个控件之上，否则工具提示在通常情况下是不可见的）也决定了工具提示并不适合用来向用户展示所有类型的信息。作为一般的原则，工具提示中应该仅仅存放非关键的、辅助性的信息。对用户使用软件非

常重要的信息（如关键步骤提示、错误提示等）应当使用其他更加明显的方式展示给用户。

2 为复杂功能给出解释

有些情况下，应用程序的某些选项难以使用简练的语言描述清楚，或用户需要额外的信息才能够做出选择。这时，将这些辅助性信息一起提供给用户，也不失为一个好主意。例如，某 Mac OS 应用程序的设置窗口中有一个选项"发送匿名的诊断和使用数据"。仅仅从这一简要描述来看，用户不知道应用程序将发送些什么数据，也不知道为什么需要发送这些数据，因此可能很难做出合适的选择。开发者通过在该选项的下面添加一段细微的描述（"自动发送匿名的诊断和使用数据信息来帮助改善本应用程序。发送的数据中不会包含任何个人信息或个人数据"），为用户解答了之前的疑问，如图 7-19 所示。

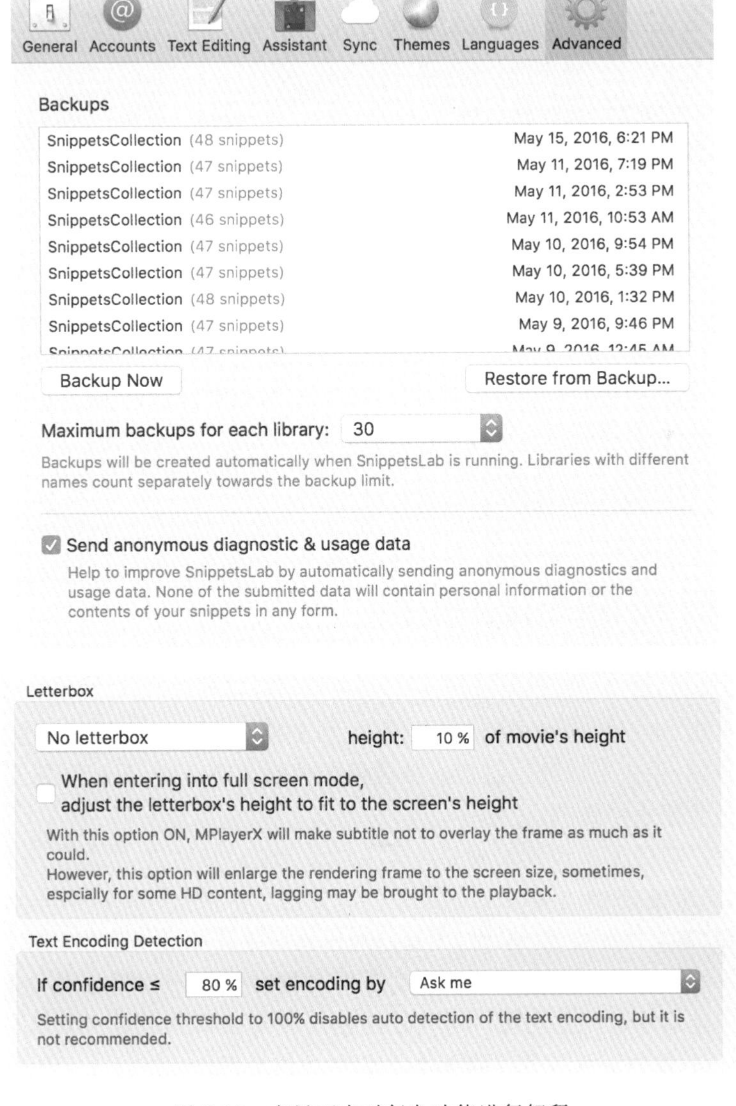

图 7-19　在界面中对复杂功能进行解释

3 合理使用动画效果

通过合理使用动画，应用程序可以向用户强调不同用户界面元素、视图、控件之间的逻辑关系，从而帮助用户理解正在发生或即将发生的事件。例如，在 Windows 操作系统中，当用户单击窗口的“最小化”按钮时，该窗口并不会立即消失，而是从原位置开始缩放并移动到其对应的任务栏按钮处，以提醒用户可以通过单击该按钮来恢复被最小化的窗口。在 Mac OS 中，用户将一个新的应用程序拖动到 Dock 中时，其他应用程序图标会向两侧移动，为新图标腾出空间，以提示用户新图标的位置，如图 7-20 所示。

图 7-20　将新的应用程序拖动到 Dock 中

合理使用动画效果可以为用户提供良好的反馈，帮助用户理解应用程序的功能和逻辑。但是如果应用不当，动画效果同样可能会对用户造成干扰，影响他们的正常使用。大多数情况下，开发者应当避免添加没有实际意义、不符合逻辑、过度夸张或持续时间过长的动画效果。虽然这类动画在一开始可以给用户带来一种“新鲜感”，但动画效果毕竟仅仅是应用程序和用户交互过程中的一种辅助手段，经常没有必要地吸引和转移用户的注意力，很快就会使他们觉得厌烦。

7.3 提供键盘快捷键

在软件设计中，键盘快捷键指的是一组可以触发某个事件或动作的键盘按键组合。通过使用键盘快捷键，用户可以通过键盘直接调用软件的某项功能，而不需要使用鼠标或其他输入设备进行一步或多步选择。

虽然很多用户在使用操作系统或应用程序时较少使用快捷键，但对于一些习惯使用“全键盘操作”的用户来说，使用鼠标来选择所需的功能是非常浪费时间的——他们更倾向于通过键盘完成常用（甚至几乎全部）操作，尤其是对于文字处理频繁的应用程序。因此，键盘快捷键的设定是十分重要的。一个设计优良的软件通常会配有一套精心设计的键盘快捷键，以便用户能够迅速调用常用的功能。有的软件还允许高级用户自定义默认的快捷键设定，如图 7-21 所展示的就是 Mac OS 下的 Xcode 软件的快捷键。

现代操作系统往往会内置一部分快捷键作为“系统保留快捷键”或“全局快捷键”。例如，

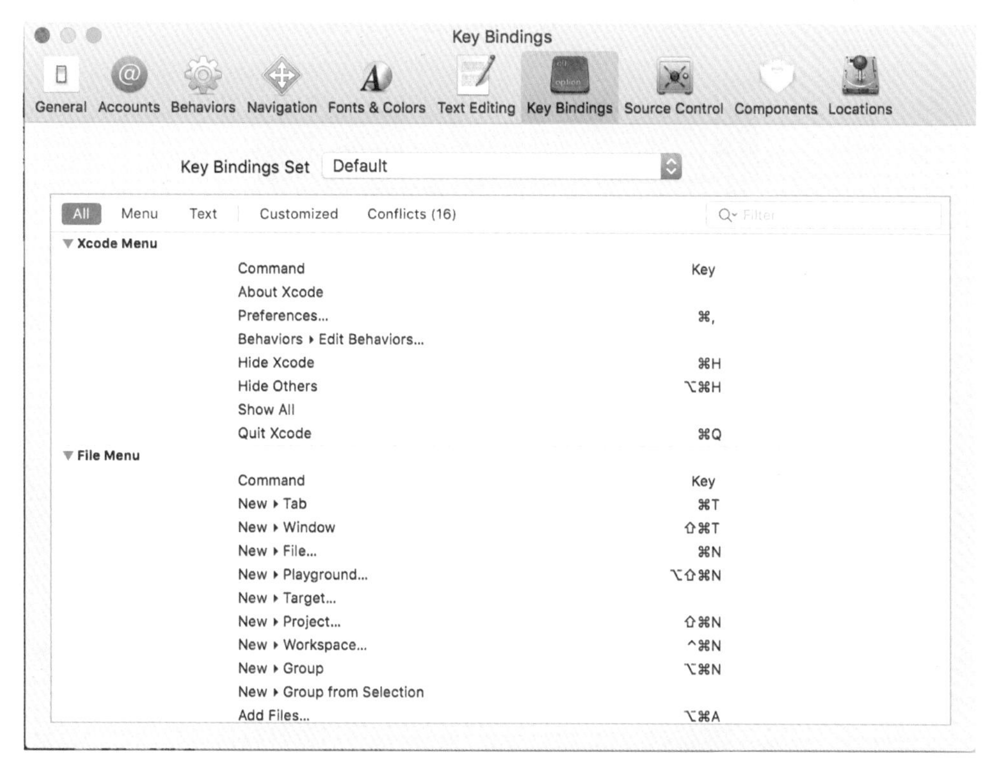

图 7-21　Xcode 允许用户自定义应用快捷键

在 Windows 系统中，Ctrl + c 功能为复制选中的文本，Ctrl + w 功能为关闭当前窗口，Ctrl + m 功能为最小化当前窗口。此类快捷键在任何应用程序中都应当具有相同的效果。此外，操作系统中还会有一系列“常用”的快捷键。这类快捷键虽然不被所有应用程序支持，但在支持的程序中通常表示相同或相近的含义，例如，Ctrl + p 表示打开“打印”对话框，Ctrl + f 表示开始搜索。

为了避免给用户带来困扰，第三方应用程序在设定自身的快捷键时，应当注意不要覆盖系统全局快捷键，也尽量不要改写系统常用快捷键的含义。

小贴士　在专业性和工具性的程序中，为关键流程添加快捷键会让工作速度大大提升。

7.4 辅助功能和可用性

在现实生活中，经常可以看到专门为残障或行动不便的人士所设计的公共设施，如盲道、助听器、残疾人专用扶手、残疾人专用通道等。这些特殊的设计为听力、视力障碍或肢体行动不便的人士提供了很大帮助，让他们能够和其他人一样正常地使用公共设施和服务，如图 7-22 所示。

图 7-22 可用性设施

在软件界面和功能设计中，类似的问题同样存在。很多计算机使用者有不同程度的残疾，从而在使用计算机的过程中带来各种各样的不便。例如：

- 视觉障碍：如视力模糊、高度远视或近视、色弱、色盲、视野缺损、全盲等。这类用户很可能无法正常看清屏幕上的文字或图像，并对于需要手眼配合的操作（如移动鼠标）会感到吃力。
- 听觉障碍：如听力下降、声音辨识困难、单耳或双耳耳聋等。这类用户对于声音提示的敏感度下降，或根本无法听到任何声音。
- 行动障碍：如肌肉控制无力、虚弱、手指或手臂残缺等。这类用户可能无法正常地操作鼠标、键盘和触摸板等常规输入设备，无法完成拖动以及复杂的手势操作，也难以同时按下多个按键。
- 认知障碍：如反应时间延长、阅读困难等。这类用户可能需要比其他用户更长的时间来阅读并理解一段文字或进行操作。

市场上的大部分民用操作系统（如 Mac OS、Windows、GNOME 等）都内置了各种各样的“辅助功能”，以适应这类人群的特殊需求，帮助他们较为舒适、便捷地使用计算机。例如，视觉障碍的用户在使用 Mac OS 系统时，可以启用 VoiceOver 功能，以让系统将屏幕上的文本朗读出来，并以语音形式通知用户当前发生的事件。用户还可以增大文字、鼠标光标的尺寸，或对应用程序界面进行放大显示。对于行动障碍的用户，他们可以选择启用听写、语音控制、屏幕键盘等辅助功能，来更有效地控制他们的计算机。其设置如图 7-23 所示。此外，值得指出的是，即使是对于非残障用户，有时也会因为各种外部因素而需要使用这类辅助功能（如在禁止播放声音的环境中，或在音响、鼠标、键盘、触摸板等输入和输出设备失灵的情况下）。

虽然操作系统在针对残障人士的辅助功能方面已经提供了较为完善的解决方案，但这并不意味着第三方应用程序的设计者和开发者可以完全忽略这一问题。在开发过程中，开

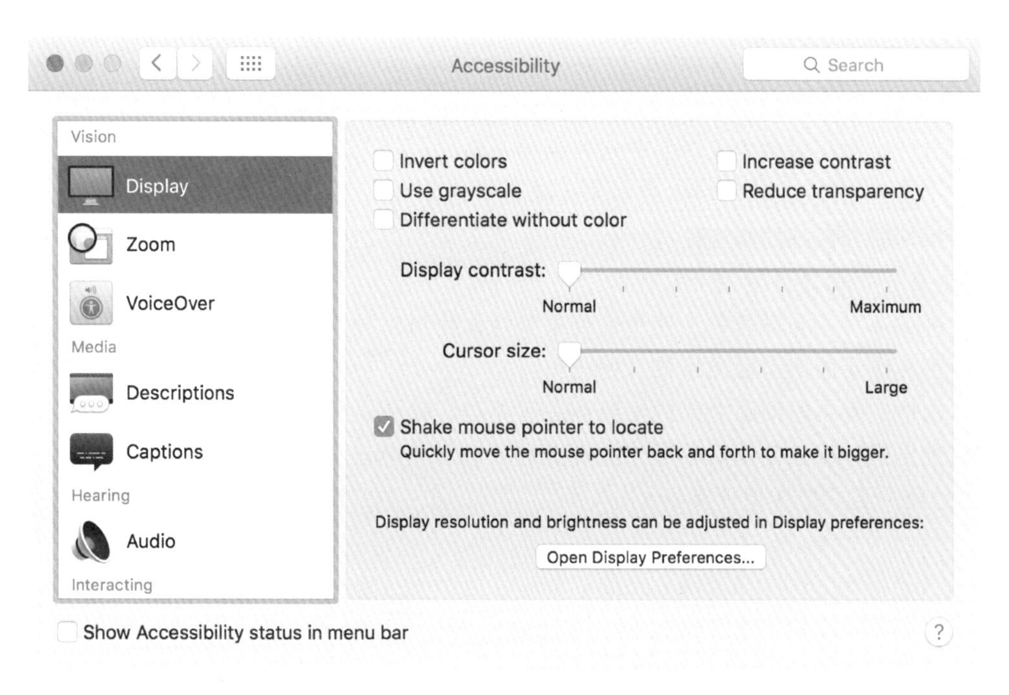

图 7-23　Mac OS 中的可用性配置项

发者仍然需要对此给予关注。

▶ 避免仅仅使用颜色来区分不同信息或含义

红绿色盲患者难以区分红色和绿色，蓝黄色盲患者难以区分蓝色和黄色，全色盲患者甚至无法区分大部分的颜色信息。因此，在应用程序的界面设计中，应该尽量避免仅仅使用不同颜色来对不同的含义进行区分。

▶ 避免仅仅使用声音来提示重要的信息

很多情况下，声音对于使用者来说是不可用的，因此，在以声音作为通知用户的手段的同时，在视觉上也应该对用户有所提示。例如，在 Mac OS 中，用户可以设定以屏幕“闪烁”一次来代替系统默认的错误提示音。

▶ 确保可以使用键盘访问应用程序的绝大部分功能

对于没有鼠标、触摸板，或不便于使用鼠标和触摸板的用户，键盘操作就显得十分重要了。现代操作系统大都支持全键盘的操作模式，第三方应用也应该对其有所支持。

▶ 提供多种操作路径

为了提高操作效率和用户体验，现代应用程序往往支持多种“非传统”的操作方式，如鼠标拖动、触摸板手势等。在 Windows 中，将一个文件移动到另外一个位置最快的方式之一就是直接将其拖动到目标目录下；在 Mac OS 中，可以通过触摸板手势动作完成右键单击、滚动、切换屏幕等操作。

但是，对于有些用户而言，做出某些手势或鼠标拖动动作是非常困难，甚至是不可能的。因此，作为程序设计者，应当总是考虑提供其他方式来完成相同的任务。

习题

1. 为什么应用程序中术语的使用要保持一致?

2. 一条有帮助的错误消息,应当包含哪些信息?

3. 高性能和良好的响应性有什么区别?要实现良好的响应性,是否要求应用程序一定要运行在高性能的硬件平台上?

4. 进度条可分为哪两种?使用进度条有什么优势?

5. 工具提示的典型使用场景有哪些?

6. 软件交互中的动画效果的主要作用有哪些?动画是否越丰富越好?

7. 常见的计算机使用障碍可分为哪几种类型?有哪些软件设计技巧能够帮助具有这类障碍的用户更好地使用计算机?

第8章 平台移植

迄今为止，书中所讨论的内容都是在 PC 平台上进行的用户界面设计。接下来的两章将会分析其他两个常用平台：网页平台和移动设备平台上用户界面的特点，以及如何把所学的知识应用到这些平台的用户界面设计上。

8.1 网页平台的特点

网页平台是指在浏览器浏览的网页。当我们设计网页时，用户界面设计(网页“前端”的一部分)工作显得尤为重要。

网页平台具有如下特点。

8.1.1 网络传输资源

网页上所有的资源都是由网络下载到本地的。最快传输的通常是 HTML 页面代码，然后是 HTML 上请求的各种资源，例如图片、声音、视频、层叠样式表(CSS，用于描述页面的外观样式)、JS 脚本文件、Flash 动画等。因为网络的不稳定性，因此资源传输失败或中断的情况时有发生。

除了尽量压缩资源大小外，设计者必须考虑加载失败时对用户的提示。

8.1.2 浏览器兼容性

由于不同浏览器之间 HTML 解释器和 JavaScript 引擎的区别，同样的页面代码在不同的浏览器上可能表现、效率会不一样。因此在开始制作之前和制作之中，都要考虑到可能发生的浏览器兼容性问题。选择兼容性好、效率普遍较高的设计方案。

8.1.3 随时可能产生的错误

因为各种各样的原因，网页上随时可能产生错误。例如资源加载错误、脚本错误、数据错误等。因为这样的高错误率，浏览器一般对错误脚本采取置之不理的方式。网页本身并不会崩溃，但是很可能会影响用户的正常使用。因此在错误发生时，必须设计好对应的处理办法。例如引导用户到错误页面，重新进行当前操作等。

小贴士 在新的 HTML 标准——HTML5 中为容错与提升用户体验制订了更多方案，例如指定缓存的资源，提供不同分支的错误处理等。合理使用错误处理与信息，能让用户几乎忽略错误带来的问题。

8.2 常用网页版式

网页版式的基本类型主要有骨骼型、满版型、分割型、中轴型、曲线型、倾斜型、对称型、焦点型、三角型、自由型 10 种。

1 骨骼型

网页版式的骨骼型是一种规范的、理性的分割方法，类似于报刊的版式。常见的骨骼有竖向通栏、双栏、三栏、四栏和横向的通栏、双栏、三栏和四栏等。一般以竖向分栏为多，这种版式给人以和谐、理性的美。几种分栏方式结合使用既理性、条理，又活泼而富有弹性，如图 8-1 所示。

2 满版型

满版型则为网页内容填充整个版面而不加以分区。这种潮流的版型给人以整体感与时代感，符合年轻人的审美，如图 8-2 所示。

3 分割型

把整个页面分成上下或左右两部分，分别安排图片和文案。两个部分形成对比：有图片的部分感性而具活力，文案部分则理性而平静。可以调整图片和文案所占的面积，来调节对比的强弱。例如，如果图片所占比例过大，文案使用的字体过于纤细，字距、行距、段落的安排又很疏落，则造成视觉心理的不平衡，显得生硬。倘若通过文字或图片将分割线虚化处

图 8-1　综合运用多种分栏形式

图 8-2　满版型(四边出血,向外扩张,适合年轻人的口味)

理,就会产生自然和谐的效果,如图 8-3 所示。

4 中轴型

沿浏览器窗口的中轴将图片或文字作水平或垂直方向的排列。水平排列的页面给人稳定、平静、含蓄的感觉。垂直排列的页面给人以舒畅的感觉,如图 8-4 所示。

图 8-3 分割线上压置的图片(打破了页面分割的生硬感)

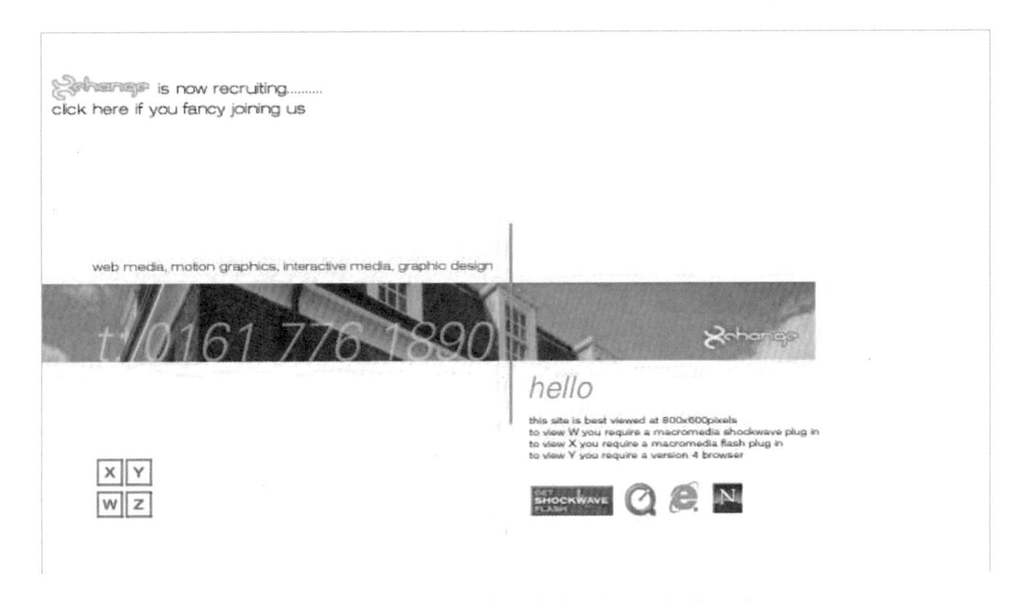

图 8-4 不易觉察的中轴型版式(给人以轻快之感)

5 曲线型

图片、文字在页面上作曲线的分割或编排构成,产生韵律与节奏,如图 8-5 所示。

6 倾斜型

页面主题形象或多幅图片、文字作倾斜编排,形成不稳定感或强烈的动感,引人注目,如图 8-6 所示。

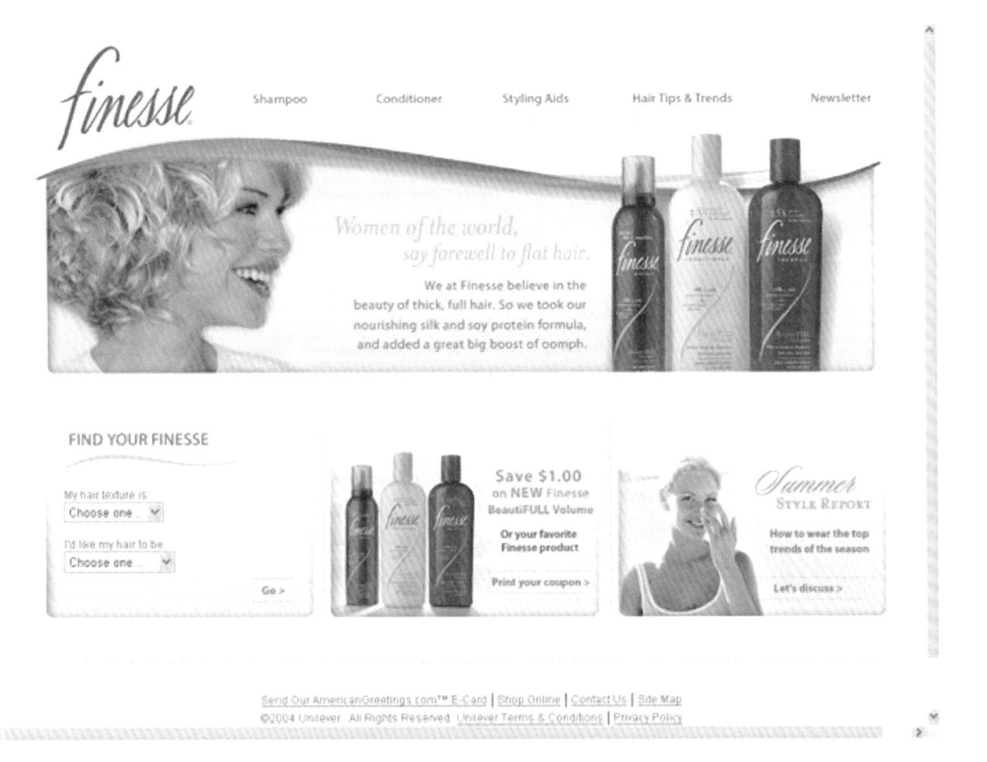

图 8-5　网站的导航标题沿图形弧线排列

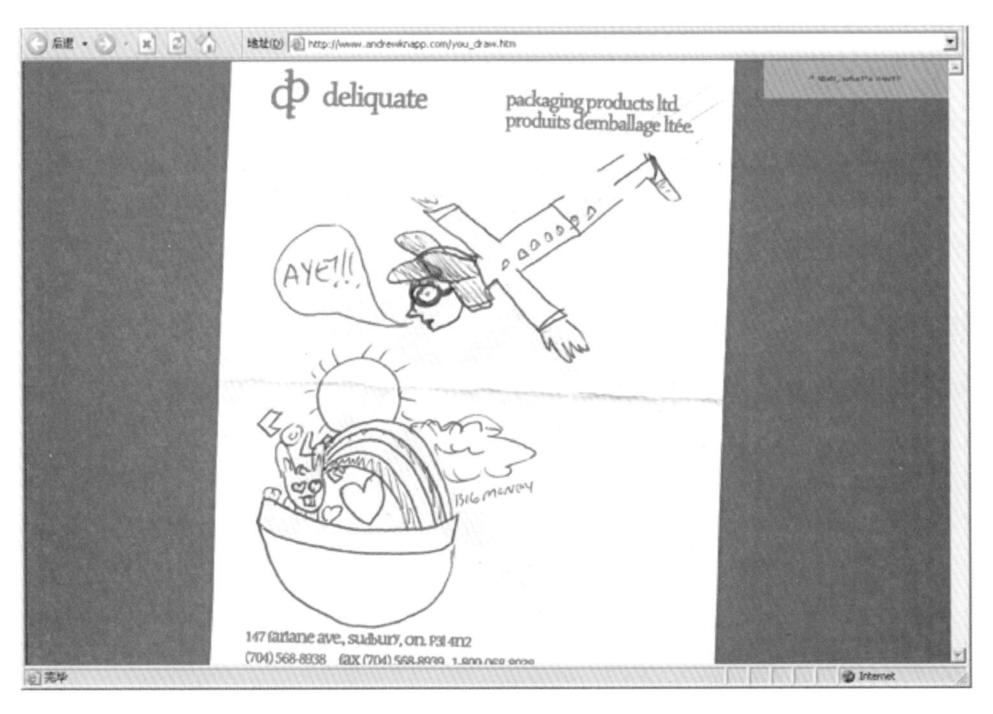

图 8-6　倾斜型(文字水平排列,将画框斜置,产生对比与动势,印象被加强)

7 对称型

对称的页面给人稳定、严谨、庄重、理性的感受，如图 8-7 所示。

图 8-7　以相对对称手法制作的导航页面

对称分为绝对对称和相对对称。一般采用相对对称的手法，以避免呆板。左右对称的页面版式比较常见。

四角型也是对称型的一种，是在页面四角安排相应的视觉元素。四个角是页面的边界点，重要性不可低估。在四个角安排的任何内容都能产生安定感。控制好页面的四个角，也就控制了页面的空间。越是凌乱的页面，越要注意对四个角的控制。

8 焦点型

焦点型的网页版式通过对视线的诱导，使页面具有强烈的视觉效果。焦点型分三种情况。

（1）中心：以对比强烈的图片或文字置于页面的视觉中心。

（2）向心：视觉元素引导浏览者视线向页面中心聚拢，就形成了一个向心的版式。向心版式是集中的、稳定的，是一种传统的手法。

（3）离心：视觉元素引导浏览者视线向外辐射，则形成一个离心的网页版式。离心版式是外向的、活泼的，更具现代感，运用时应注意避免凌乱。

9 三角型

网页各视觉元素呈三角形排列。正三角形（金字塔型）最具稳定性，倒三角形则产生动

感。侧三角形构成一种均衡版式，既安定又有动感，如图 8-8 所示。

图 8-8 整体看为正三角形的构图（主体形象稳定而突出）

10 自由型

自由型的页面具有活泼、轻快的风格，如图 8-9 所示。

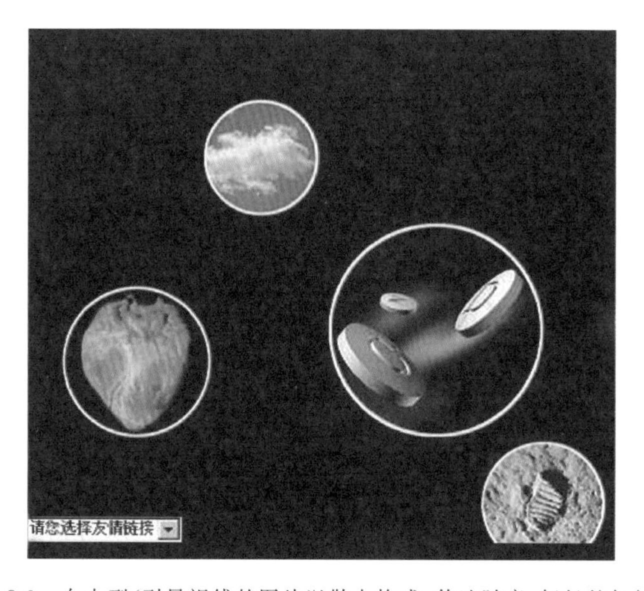

图 8-9 自由型（引导视线的图片以散点构成，传达随意、轻松的气氛）

8.3 网页设计原则

1 明确建立网站的目标和用户需求。根据消费者的需求、市场的状况、企业自身的情况等进行综合分析，以“消费者”为中心，而不是以“美术”为中心进行设计规划。明确设计站点的目的和用户需求，从而做出切实可行的设计方案。

2 网页设计主题鲜明。在目标明确的基础上，完成网站的构思创意即总体设计方案。对网站的整体风格和特色做出定位，规划网站的组织结构。

3 版式设计之整体性。即设计作品各组成部分在内容上的内在联系和表现形式上的相互呼应，并注意整个页面设计风格统一、色彩统一、布局统一，即形成网站高度的形象统一，使整个页面设计的各个部分极为融洽。

4 版式设计之分割性。即按照内容、主题和信息的分类要求，将页面分成若干板块、栏目，使浏览者一目了然。吸引浏览者的眼球，还能通过网页达到信息宣传的目的，显示出鲜明的信息传达效果。

5 版式设计之对比性。在设计过程中，通过多与少、主与次、黑与白、动与静、聚与散等对比手法的运用，使网页主题更加突出鲜明而富有生气。

6 网页设计的和谐性。网页布局应该符合人类审美的基本原则，浑然一体。如果仅仅是色彩、形状、线条等的随意混合，那么设计出来的作品不但没有生气、灵感，甚至连最基本的视觉设计和信息传达功能也无法实现。如果选择了与主页内容不和谐的色调，就会传递错误的信息，造成混乱。

7 导向清晰。网页设计中导航使用超文本链接或图片链接，使人们能够在网站上自由前进或后退，而不会让他们使用浏览器上的前进或后退按钮。在所有的图片上使用标识符注明图片名称或解释，以便那些不愿意自动加载图片的用户能够了解图片的含义。

8 非图形的内容。由于在互联网浏览的大多是一些寻找信息的人们，这里仍然建议设计者要确定网站将为他们提供的是有价值的内容，而不是过度的装饰。

8.4 平台移植：移动设备

移动平台是指便于携带的各种移动设备。目前的智能手机、平板电脑以及其他能够运行标准化应用的设备均归入此类。

移动平台应用（Application，简称 App）相较于桌面应用程序和网页有独有的特点。同时，近年来，移动平台应用迅猛发展，这也为移动应用设计带来一些广泛应用的“潜标准”，所

以在进行移动平台应用设计时需要注意。

8.4.1 不一样大小的屏幕和分辨率

移动设备的一个显著特征是屏幕大小不统一。严谨、准确地说，需要设计者考虑的是“分辨率”与“框体大小”。不过移动应用的特点是全屏幕运行。也就是说在运行应用时，应用框体占满整个屏幕。因此，整体的设计、布局等必须充分考虑屏幕的比例与大小，以及布局变化的方案，如图 8-10 所示。

图 8-10 响应式布局

小贴士

移动互联网领域最近兴起的热门设计思想“响应式”即是为了适应移动平台不同大小的屏幕所设计。响应式是指网页根据当前的屏幕大小进行布局调整的技术。

8.4.2 平台化风格

移动设备应用十分注重平台风格。也就是说，处在特定平台上的应用，其基本交互逻辑、界面布局等应与平台原生应用保持一致。这是受各个平台特有的交互方式影响。对于桌面平台，常用的输入设备包括鼠标、键盘。而对于移动平台，目前主流的输入设备是触摸屏，这就决定了移动平台的相应操作多以触摸、滑动、手势为主。

移动平台因为受屏幕大小限制，一屏内所含的信息量一般较桌面平台少得多，且应用运行时必须占据全部屏幕。因此移动平台应用的界面联系多以分屏、标签为主，如图 8-11 和图 8-12 所示。

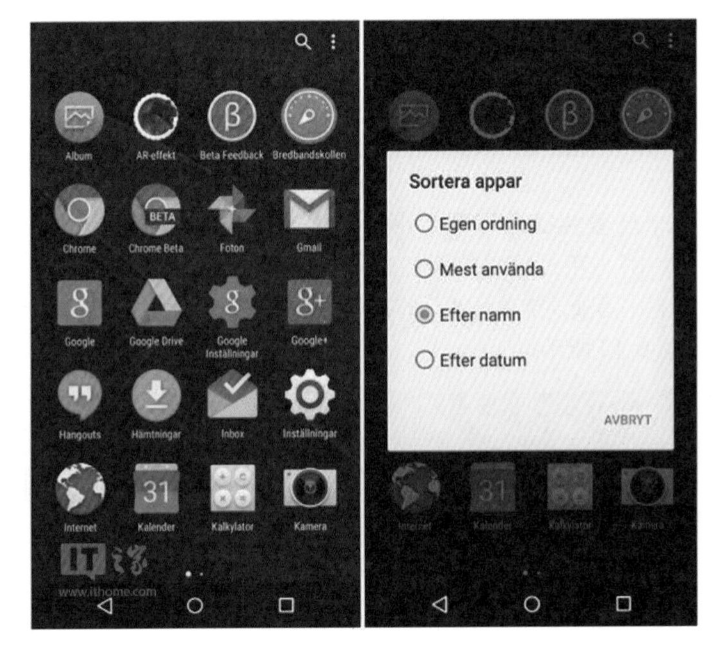

图 8-11　Android 平台界面风格

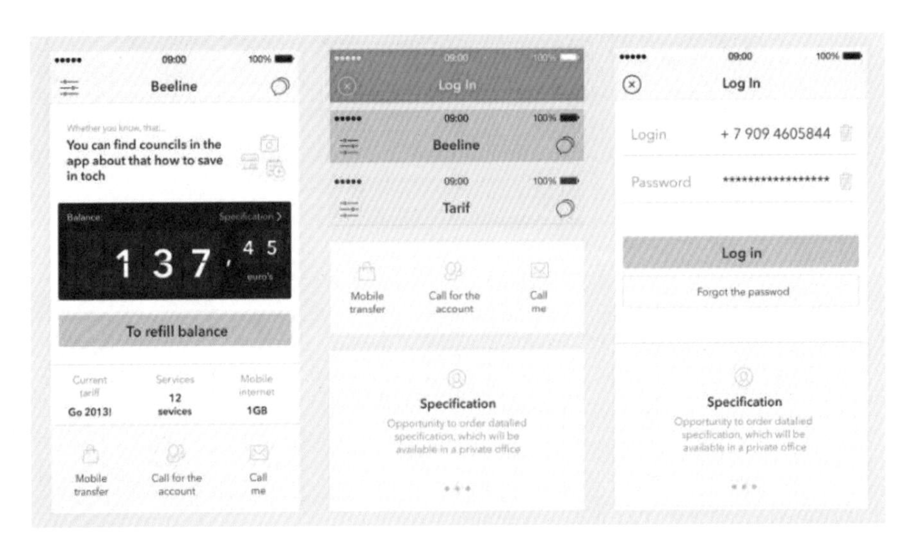

图 8-12　iOS 平台界面风格

习题

1. 说出目前移动应用平台的几种使用场景。
2. 平台移植后是否还需要遵守用户界面设计规范？
3. 除了书中所述，你认为智能手机平台的特点还有什么？

第9章

国际化和本地化

随着互联网的发展，在线应用程序销售、分发越来越普及，为软件本地化创造了极大的便利。不仅本地化软件的种类和数量越来越多，软件推出其本地化版本的速度也越来越快。当今主要互联网巨头如苹果、谷歌以及微软等公司更是很早就在这方面做了大量工作，它们各自的软件商店都在全球范围内可供用户使用。例如，Google Play 支持超过 130 个国家和地区，而苹果公司的 App Store 则可在超过 150 多个国家和地区使用。

对软件进行国际化和本地化不完全是软件技术问题，更不仅仅是文字翻译问题；更重要的是公司全球化策略、软件开发方法与标准，以及软件项目管理问题。解决好了这些问题，软件本地化就成为流程化的语言翻译、工程技术处理、文档排版等生产方式。

使软件支持多国语言有很多好处，其中最主要的包括如下几点。

- 扩展软件的用户群、拓展市场份额。虽然从某种意义上说英语是“世界通行”的语言，但对于许多非英语国家的用户来说，使用英文界面的软件仍然是一项挑战。尤其在多款软件的功能、特性相差不多时，用户很可能会选择某一款软件，仅仅因为该软件支持其本国的语言。
- 提升用户操作体验，降低学习成本。如果用户完全理解软件界面中的每个按钮和提示含义，他们就能更好地理解软件的功能，使用起来更有信心，并且更不容易在操作过程中出现错误(如意外删除一个重要的文件)。

9.1 国际化和本地化

在软件工程领域，国际化和本地化是指让软件适应不同目标国家和地区的语言、文化、功能需求差异的过程。有时，二者统称为全球化(Globalization)。

国际化(Internationalization)是指在设计和开发阶段，通过采用特定的编码和设计技术，使软件和某一具体国家或地区的语言、文化等解耦的过程。软件的国际化过程正是为其本地化所做的准备工作。国际化的具体任务可能包括如下。

- 修改程序，使其易于针对不同语言、文字、文化进行修改。例如，使用 Unicode 编码代替地区性编码(或同时支持多种编码方案)，提供多种潜在的数字、日期、货币格式，提供多种排序方法等。很多流行的开发平台和开发框架(如微软公司的.NET Framework 以及苹果公司的 Cocoa 和 Cocoa Touch)都有专门针对国际化和本地化所优化的 API，正确合理使用这类 API 也是国际化的重要步骤。

- 提前实现某些只有在某些语言的本地化版本中才会用到的特性和功能。例如，针对从右向左书写的文字，提供文字方向控制、界面左右镜像等功能。
- 将需要本地化的资源（如呈现在用户界面上的文字、图片、声音等）与源代码分离，并为需要本地化的资源提供必要的注释，以方便翻译人员进行翻译。

而本地化（Localization）则是使一个经过国际化的软件适应某个特定国家或地区的语言及文化的过程。

软件的“可本地化性”（Localizability）表示软件是否能够很容易地本地化。在开发国际化软件的各个阶段，要采用技术手段保证软件具有较高的本地化能力。提高软件本地化能力的常用技术包括：把需要本地化的文字、图像和图标等内容与项目的其他源代码分离，不要采用固定的方式（或针对某种特定语言的假设）对多个字符串进行拼接，用户界面（用户界面）元素要能够方便地调整大小和位置等。

国际化和本地化是两个相辅相成的步骤。通过完成国际化，开发者构建用来支持本地化内容的基础设施以及应用程序接口，标出应用程序中和不同文化相关的部分。通过完成本地化，开发者添加针对某一特定文化所定义的资源。本地化的基本任务通常是翻译用户界面；但是除此之外，往往还会根据具体情况涉及其他方面的内容，例如：

- 处理程序动态生成的文字（如日期、数字、人名格式等）；
- 处理图标、图形、音频内容（尤其是包含文字或和文化相关的图片、声音时）；
- 针对特定的键盘布局优化键盘使用方式；
- 修改涉及文本处理的相关代码（如用于计算字数、单词数的代码片段）；
- 修改其他与特定语言、文化相关的代码（如排序算法）；
- 修改其他周边文档，如在线帮助、用户手册、法律和协议等。

9.2 为全世界而设计

据统计，目前全球范围内共有超过 5000 种语言。由于不同地区、种族、文化间的巨大差异，本地化通常是一个十分复杂的工作。因此，进行应用程序的本地化工作通常要求开发者（或相关本地化项目专员）对当地的语言、文化和相关习俗具有相当程度的了解。本地化所需要的知识通常可分为两个方面——和当地语言、文字相关的（如日期、数字、人名格式、货币、排序规则、标点符号、断句、书写方向等），以及和当地文化习俗甚至政策法规相关的（如颜色、图形的不同含义、禁忌等）。

9.2.1 文本长度和格式变化

毫无疑问，文本的翻译，是在本地化过程中最复杂也是最重要的工作之一。除了翻译本身的质量之外，翻译后文本长度的变化也是在用户界面设计中不容忽视的一个因素。例如，

将“常见问题”翻译为各个语言的结果如下。

- 简体中文：常见问题
- 法语：Foire aux questions
- 西班牙语：Preguntas más frecuentes
- 俄语：**Часто задаваемые вопросы**
- 马来语：Soalan-soalan yang kerap ditanya

在上面的例子中，将文本从简体中文翻译为法语，长度增加了 137%；若翻译为俄语，则增加了 200%；若翻译为马来语，长度甚至增加了 300%。事实上，在世界各地的语言中，中文属于较为“紧凑”的语言之一。将一段文字从中文翻译为其他语言时，翻译后的文本很可能会比原文更长。

IBM 公司发布的一份报告指出了将一段文字从英语翻译到其他欧洲语言时，文本长度的平均增加百分点，如表 9-1 所示。

表 9-1　将一段文字从英语翻译到其他欧洲语言时文本长度的增长率

原英语文本的字母个数	翻译后文本平均增加的长度
0～10	200%～300%
11～20	180%～200%
21～30	160%～180%
31～50	140%～160%
51～70	151%～170%
>70	130%

通过以上数据不难发现，虽然翻译后文本长度增加的幅度和源文本的长度有关，但总体上将一段文本从英语翻译为其他欧洲语言时，可以预见文本的长度会有不同程度的增长。

本地化前，可以采用一种称为“伪本地化”的技术，来检查软件的可本地化性。在这项技术中，计算机自动将软件中展示给用户的文本替换成一种“伪语言”(pseudo-language)，这种伪语言不具有表达任何真实含义的功能，但是在长度、字符组成、换行规则等方面都与某一种或几种语言相近。通过这种替换，开发者可以在实际进行文本翻译等相关工作之前，找到国际化中的漏洞，并及时加以修复。

例如，一个使用英语作为界面语言的对话框如图 9-1 所示。可以看到，对话框中有若干文本标签、复选框等控件，在英文状态下均可以正常显示。

在进行伪本地化测试时，系统自动将其替换为另一种没有意义，但长度和原语言类似的伪语言，如图 9-2 所示。在这个测试中，界面看起来依旧正常。

然而，考虑到并不是所有的语言的相对长度都是类似的，在进行伪本地化时，可以将伪语言的长度增加，以测试程序界面能否正确处理字符串的换行、截断等情况。在修改了伪语言的长度后进行测试，可以发现图 9-3 所示的界面并不能很好地适应这种长度变化，多次出现了文本被从中截断的情况。

值得指出的是，除了长度之外，同一段文本在翻译前后的单词数也可能发生变化。考虑到不同语言的换行规则不同，这可能会在某些情况下给排版带来一定困难。例如，

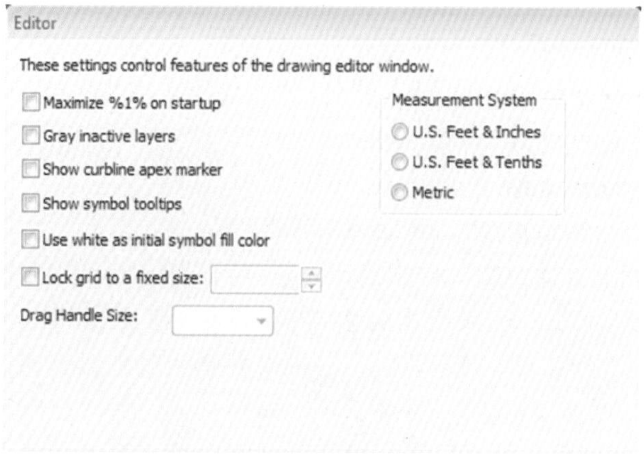

图 9-1　本地化之前的界面

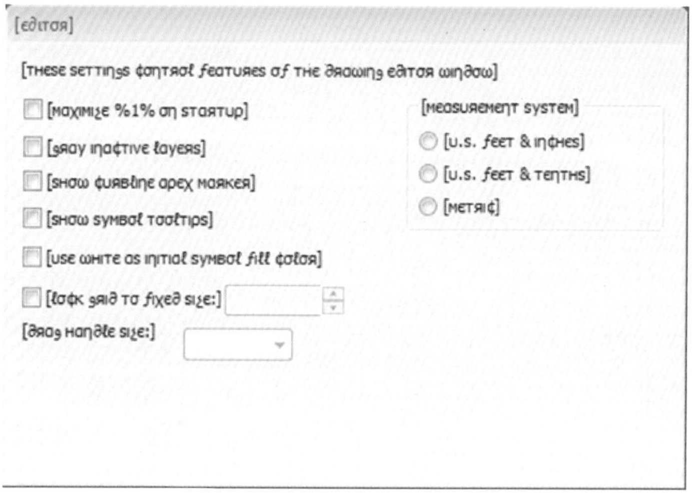

图 9-2　伪本地化后的界面(1)

“系统设定”在英语中由两个单词组成(System Settings),但在德语中却变成了一个单词“Systemeinstellungen”。在界面的横向空间较为狭小的情况下,中文文本和英语文本均可以轻易拆分为两行显示,但德语文本却无法显示完整。

为了让国际化应用程序能够更好地适应文本在不同语言下长度和格式的变化,在设计并开发软件的用户界面时,必须考虑到文本形式的多样性,尽量采用自适应的布局,不应对文本长度等做出硬性规定。总的来说,用户界面的灵活性越高,对不同语言的适应能力就越强。

值得一提的是,许多现代软件开发框架都对控件布局有着良好的支持。例如,在开发 Mac OS 应用程序时,合理利用 Auto Layout(自动布局)技术可以解决大多数控件和视图布局上的难题。

在对图 9-4 所示的文本进行布局时,开发者可能会追求一时的“便捷”,手工指定 Filename、Where 和 Kind 三者在窗口中的绝对位置。然而,当窗口宽度变小或文本的长度变

图 9-3　伪本地化后的界面(2)

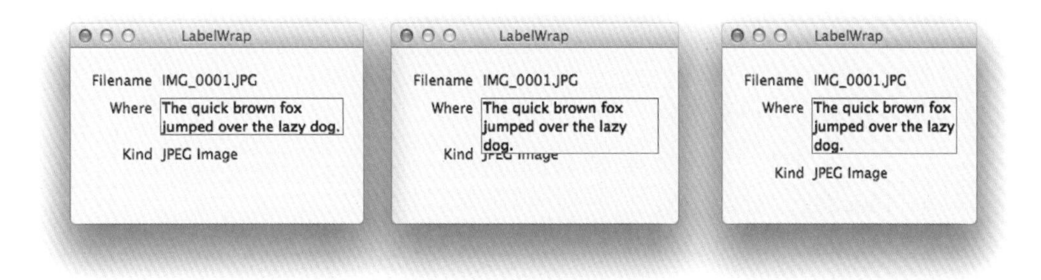

图 9-4　自动布局

长时，文本的行数发生变化，文字之间就发生了重叠。相反，如果采用 Auto Layout 技术，开发者不再规定不同文本在窗口中的绝对位置，而是对它们的相对位置做出描述。例如，开发者可以做出如下规定。

- 第一行文本和窗口上边界的垂直距离；
- 每行文本和窗口左右边界之间的水平距离；
- 每行文本和上一行文本之间的垂直距离。

这样，如果任意一行文本因为过长而折行显示，下一行文本会自动进行调整，以达到最佳的显示效果。

9.2.2　日期格式

不同国家和地区所采用的日期时间格式不是统一的。即使日期通常都会包含年、月、日三个要素，但它们的顺序、分隔符的差异却可能非常大，如图 9-5 所示。如果本地化不当，不仅看起来莫名其妙，有时还会造成歧义和误解。

图 9-5　Mac OS 中的日期格式设定

首先来看一组完整日期的例子。

- 简体中文：2016 年 1 月 5 日星期二
- 英语：Tuesday，January 5，2016
- 西班牙语：mates，5 de enero de 2016
- 意大利语：martedì 5 gennaio 2016

在上述日期格式中，除了表示星期和月份的词语在不同语言中明显不同之外，年、月、日的顺序在三种语言中也各不相同。在简体中文中，顺序为“年-月-日”，在英语中为“月-日-年”；而在西班牙语和意大利语中则为“日-月-年”，并且这两种语言的日期表示中所有字母均为小写形式。此外，在西班牙语中，日、月、年之间添加了用作分隔的单词“de”，在意大利语中不同日期要素之间则没有任何分隔符号或单词。

除了完整日期之外，在某些空间有限的场景中也会使用日期的简写格式。这类格式通常只包括表示年、月、日的数字。例如：

- 简体中文：16/1/5
- 西班牙语：1/5/16
- 意大利语：05/01/16

可以看到，在短格式的日期中，年、月、日顺序的差异仍然非常大。简体中文依旧是“年/月/日”的形式(和其长日期顺序一致)，而西班牙语却变成了“月/日/年”的顺序。

在将日期从简体中文翻译为英文时，如果采取“直译”的方式，将得到“2016 January 5”。虽然在这种译法中正确地将“1 月”翻译成了 January，但由于年、月、日的顺序不符合英美国家的习惯，这个翻译在英美国家的用户看来是完全错误的。类似的，如果我们看到一个未经本地化(甚至错误地本地化)的日期“02/03/04”，在不提供上下文的情况下，我们更是无从得

知其表示的是 2002 年 3 月 4 日、2004 年 2 月 3 日还是 2004 年 3 月 2 日。

另外，除了以上讨论所基于的公历(Gregorian)历法之外，世界范围内还存在多种其他的历法，如中国地区常用的农历(Chinese Calendar)，以及伊斯兰历(Islamic Calendar)、印度国定历(Indian National Calendar)、希伯来历(Hebrew Calendar)等，如图 9-6 所示。不同历法之间最主要的差别在于其年份的计算方法不同，每年和每月的长度也可能是不同的。例如，公历 2016 年对应伊斯兰历 1437 年、印度国定历 1937 年以及希伯来历的 5776 年。

图 9-6　Mac OS 中的历法设定

9.2.3　时间格式

和日期格式类似，时间格式在世界范围内也不是统一的。不同的语言、文化背景下，常用的时间格式可能有若干区别，如图 9-7 所示。

1 12/24 小时制

大多数欧洲和亚洲国家都默认使用 24 小时制，而美国则习惯上采用 12 小时制，并在时间后添加“A. M. ”或“P. M. ”标记来区分上午或下午。在其他国家，当采用 12 小时制时，表示“上午”、“下午”标记的位置也可能有所不同。例如在中国，若采用 12 小时的表示法，这一标记会出现在时间之前(如“上午 10:30”)，而不是之后。

2 时、分、秒的分隔符

世界上绝大部分地区都采用冒号(:)作为时、分、秒的分隔符(如 10:34 AM)，但在少数语言中仍有例外。例如，威尔士语中就采用点号代替冒号进行时分秒的分隔(如 10.34 AM)。

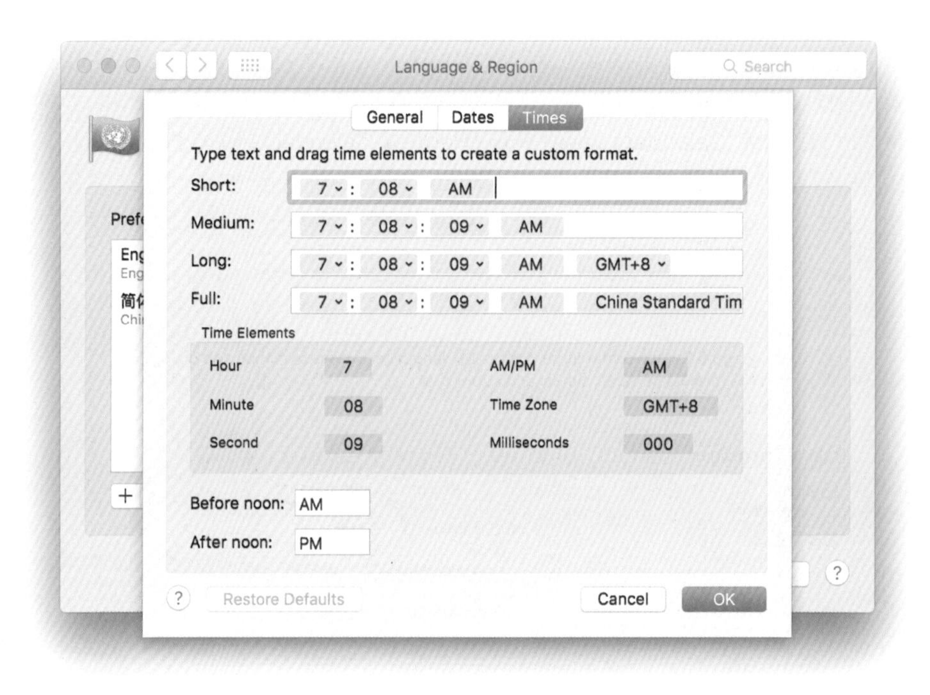

图 9-7　Mac OS 中的时间格式设定

9.2.4　度量衡和纸张大小

世界上大多数国家都采用“公制”单位系统并以“摄氏度”(℃)作为温度的单位。但是美国却使用英制单位系统和“华氏度”作为温度单位。

此外，不同国家所采用的最常用的纸张大小也都不相同。美国最通用的纸张大小为 U.S. Letter(长 11 英寸，宽 8.5 英寸)，而在一些亚洲和欧洲国家(包括中国)则为 A4 大小(长 297 毫米，宽 210 毫米)，如图 9-8 所示。

小贴士

即使是同一度量衡单位，也有不同称呼的情况存在。例如，meter 的中文译名有“米”和“公尺”，centimeter 的中文译名有“厘米”和“公分”。

9.2.5　排序规则

在应用程序中，经常会出现需要将一列文本按照字母顺序(alphabetical order)排序的需求。然而，不同国家和地区的用户很可能习惯上采用非常不同的排序规则，尤其是对于包含注音符号、特殊字母组合以及其他特殊字符的语言。

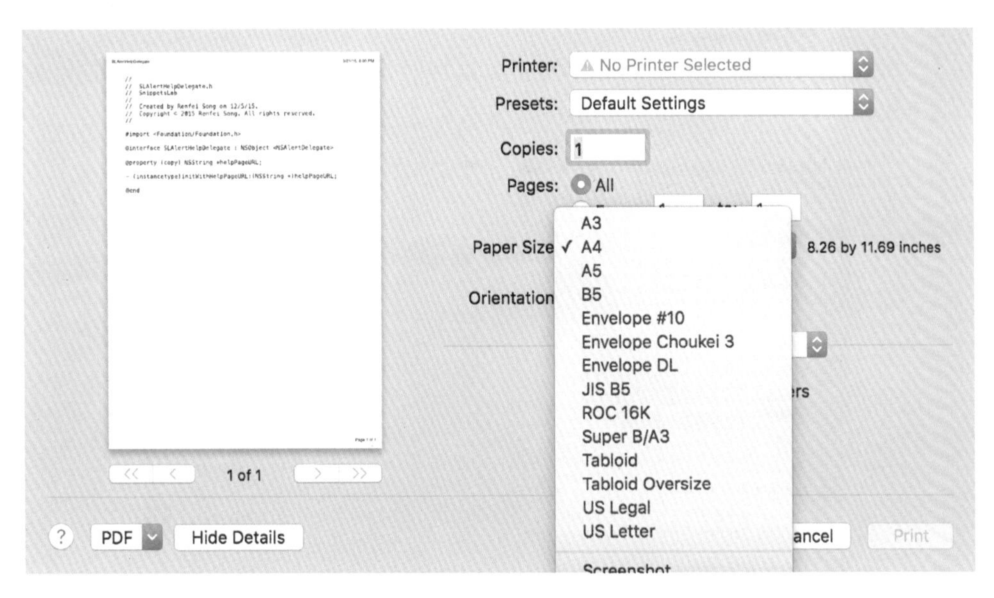

图 9-8　纸张大小设定

在简体中文中，通常的排序方式是按照拼音首字母从 A 到 Z 排序。而在繁体中文中，默认的排序方式则是按照首字笔画数从少到多排序。此外，即使在同样使用拉丁字母的语言和地区中，排序方式亦可能有所区别。例如，在拉丁美洲，字母组合 ch 被看作是“单个字母”，排序应该位于字母 c 和 d 之间。不同语言对于注音符号的处理也不尽相同。在瑞典语中，一些注音字符应该排在字母 Z 之后，但在其他欧洲国家这些注音字符则排在相对应的未注音字符之后。

9.2.6　标点符号和数字格式

在不同语言中，标点符号的使用方式差异很大。

例如，在希腊语中，使用英文分号(;)作为问号来使用；在西班牙语中，疑问句和感叹句的句首需要额外添加一个“倒立”的问号(¿)和感叹号(¡)；在德语中，前引号的形状和英文中的也不相同：„Hallo”(英文中为“Hello”)。

此外，各个语言对于数字的表示法也有区别。例如在德语和法语中，使用英文点号(.)作为千位分隔符，使用英文逗号(,)作为整数和小数部分的分隔符。

9.2.7　界面布局和书写方向

在拉丁语系的语言中，一个文档通常是从左向右书写和阅读的；然而阿拉伯语和希伯来语却是从右向左书写和阅读的(称之为 RTL 语言，Right to Left)。由于使用 RTL 语言的用户习惯上从右到左阅读和获取信息，因此，当为这些用户进行本地化时，不仅应用程序界面中文字的显示方向需要修改，应用程序界面本身的某些部分也应该做“左右镜像”处理。例如，在 iOS 9 中，当用户选择阿拉伯语作为主要语言时，系统的用户界面会全部进行左右翻转，如图 9-9 所示。

(a) 英文　　(b) 阿拉伯语

图 9-9　使用英语和阿拉伯语的 iOS 设置界面

9.2.8　颜色、图像和声音

不同国家对颜色、符号和图像的解释、使用方式有所不同。了解哪些软件界面设计中的常用符号可以在世界范围内安全地使用，对国际化和本地化过程是十分有帮助的。有关这方面的具体信息可参考 International Standards Organization ISO/IEC 11581。

1 颜色

在西方国家，红色通常代表危险或警报、白色代表纯洁、绿色则代表财富。在亚洲，红色代表喜庆、白色则代表死亡和哀悼。而在阿拉伯国家，绿色则是一种神圣的颜色。

2 符号和图像

西方国家常用“竖起大拇指”表示称赞、V 手势表示胜利以及 OK 手势表示允许或成功。然而这些手势在某些国家却是具有冒犯性的。例如，竖起大拇指的手势在西西里会被认为有性暗示的含义在其中。此外，许多动物符号所代表的含义也是不同的。在美国，猫头鹰是智慧的象征，然而在亚洲一些国家和地区则是有愚蠢的意味。如果一个美国教学网站

使用猫头鹰的符号来标识并鼓励学习成绩优秀的学生，亚洲学生用户可能会感觉非常难以接受。

9.3 国际化和本地化的框架级支持

虽然国际化和本地化工作十分复杂，但其中的某些工作对于大部分开发者而言都是不需要亲自完成的。现代主流开发平台的相关 SDK（开发工具包），如 Mac OS 平台所依赖的 Cocoa 框架、iOS 平台的 Cocoa Touch、Android 平台所使用的 Android SDK 以及 Windows 平台的.NET Framework，都提供了用于国际化和本地化的基础设施，以尽量减少开发者的工作量。通过直接使用这些框架级的功能，不仅节省了开发的工作量和成本，还减少了出错的可能性。

例如，现代 Mac OS 应用程序所依赖的 Cocoa 框架，在国际化阶段，为开发者提供了如下便利设施。

- 利用 Interface "Builder 的用户界面"Auto Layout（自动布局）技术来让视图和控件可以根据具体的文本内容进行自适应布局。
- 利用 base internationalization 机制将用户界面（.storyboard 和.xib 文件）中需要本地化的资源提取出来。
- 利用 NSLocalizedString 和 NSLocalizedStringFromTable 宏在源代码中分离出面向用户界面的字符串，并添加注释，以便翻译人员更好地理解该文本所处的上下文。
- 利用系统提供的标准 API，根据用户所处的地区、所用的语言和其他系统设置完成对文本、数字、日期和时间、货币、单位等的格式化。
- 根据需求选用不同的本地化排序函数。

在本地化阶段，Cocoa 则提供了如下的标准工作流程。

- 将已开始进行本地化的视图进行锁定，以防止开发者对其进行意外的修改。
- 自动以标准格式导出在国际化阶段所标记和分离出的需要本地化的文本。
- 将导出的文本提交给本地化团队进行翻译工作。
- 将翻译好的文本导入回应用程序中。
- 验证和问题修复。

在测试阶段，Cocoa 也提供了若干辅助特性。

- 利用"伪本地化"功能，将文本替换为多种伪语言，以测试软件是否已经准备好进行本地化工作。
- 自动检测没有本地化的文本。
- 迅速切换调试环境所使用的语言和区域设定，以测试应用在所有语言和地区设定下的运行情况。

可以看到，国际化和本地化中最为复杂的文本、数字、日期和时间、货币以及单位的格式化，包括不同语言下的排序工作，在 Cocoa 框架中已经有了比较完善的支持。然而，这并不是说在开发多语言应用程序的时候就完全不需要考虑这些因素了——开发者仍然需要注意调用正确的 API，才能保证这些特性能够得到有效的利用。此外，视图和控件的布局和管理、国际化中面向用户的文本及图形的提取，以及最重要的文本翻译和后续测试工作，都是需要开发者亲自完成的。

9.4 测试多语言应用程序

考虑到多语言应用程序本身规模的复杂性以及不同国家和地区的语言、文化及习俗的多样性，对多语言应用程序的全球化和本地化质量进行单独的测试是非常有必要的。在测试过程中，可能发现的常见问题包括如下几种。

1 国际化工作不到位

在国际化阶段，需要开发者在源程序中识别并以某种方式标记出所有需要进行本地化的资源，包括文本、声音、图标、图片等，以便在本地化阶段对这些资源根据目标地区和语言进行相应处理。因此，如果国际化阶段的工作进行得不到位(例如在程序源代码中遗留了硬编码的用户界面文本、图像或其他资源)，针对这些资源的本地化工作就必定无法彻底完成。此外，对于引用了第三方框架或类库的应用程序而言，如果这些第三方框架和类库的资源如果没有进行必要的国际化工作或没有提供国际化支持，也可能造成软件最终本地化不完整。

图 9-10 展示了 DraftSight 软件的某个中文版本，就出现了本地化不完整的问题。在该版本中，菜单栏等部分已经正确进行中文本地化，但“打开”菜单却是全英文的，给中文使用者带来了不便。

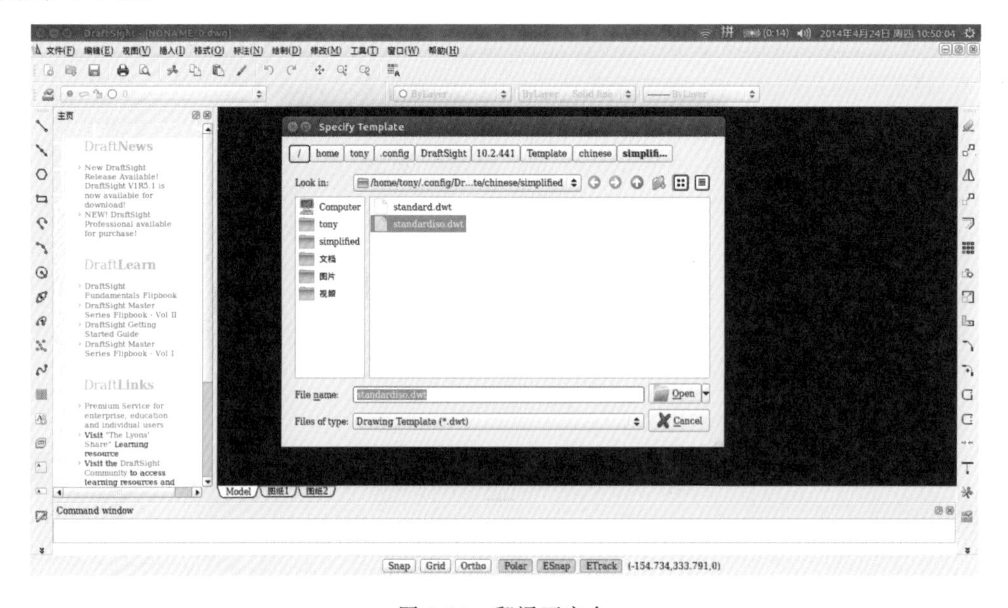

图 9-10　翻译不完全

2 翻译了不应该翻译的文字资源

并非源代码中出现的所有文本(或字符串)都是面向最终用户的。源代码中的很多字符串是用于程序内部使用的,并且很多情况下程序逻辑的正确性依赖于这些字符串的具体内容保持不变。因此,如果在国际化阶段这部分文本被错误地标记为需要本地化的资源,并在本地化阶段被翻译人员修改,最终的应用程序就可能因此出现各种技术上的问题或漏洞。

3 多次项目迭代造成本地化工作不彻底

在实际项目中,软件的开发和其国际化、本地化工作很可能是分多次迭代进行的,即开发→国际化→本地化→开发→国际化→本地化。在这一过程中,如果开发团队和本地化团队的配合出现问题,就很可能造成本地化进行得不够彻底,部分资源没有得到恰当翻译。

4 多义词翻译和上下文不符,关键词语和术语表意模糊或前后不一致

由于翻译过程的复杂性(时间跨度长、开发者国际化工作不到位、翻译者和开发者没有很好地沟通协调、翻译人员变动、翻译人员本身专业知识或敬业程度不够等),翻译过程中最常见的文字错误之一就是"从单个词语的翻译看起来没有问题,但在实际使用过程中却漏洞百出"。这一问题有两种具体表现形式:翻译文本和上下文不符、关键词语和术语表义模糊或前后不一致。前者会使翻译看起来莫名其妙,甚至导致用户难以理解其真正含义;后者则会导致用户对软件的功能和使用方式造成误解,从而显著增加软件的学习成本。

Windows 10 早期的一个预览版的中文翻译中就出现了若干"翻译和上下文不符"的错误。例如,在"开始"菜单中,"电源"被翻译成了"功率",只因这两个词的英文均为"Power",如图 9-11 所示。当用户没有意识到这一点时,看到"功率"是很难联想到其正确含义的。类似的情况,还有"内测会员中心"被翻译成了"内部集线器"。当然,由于仅仅是预览版,出于成本和进度的考量,Windows 10 的翻译中出现这些错误是情有可原的;不过在正式版的应用程序中,这些问题是绝对需要避免的。

5 无法正确处理用户输入的特殊字符

多数应用程序除了显示预先定义好的文本和数据之外,还需要显示用户动态生成的内容。一个经过本地化的应用程序,除了其界面要能正常显示目标国家的文字之外,程序本身也应该能够正常处理用户可能采用的不同编码方式或可能输入的各种特殊字符,并采取合适的字符串排序、比较、拼接、换行算法。

6 无法正确处理用户输入法

英语国家的用户在使用键盘输入文本时,往往每次按键都会输入一个字符,但是这个假

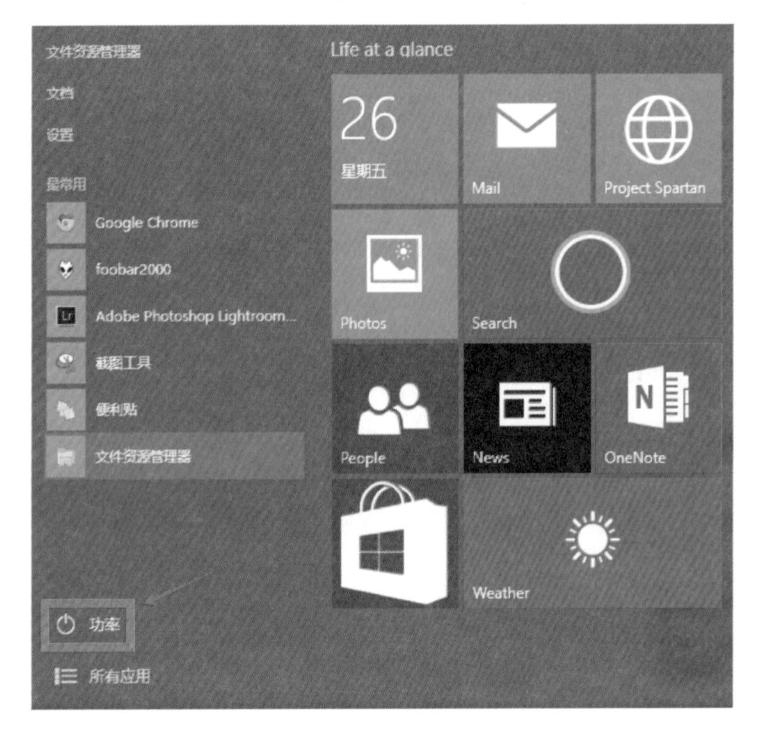

图 9-11 Windows 10 预览版中的翻译错误

设对很多非英语国家的用户来说是不成立的。例如，中国用户在使用汉语拼音输入法输入中文时，就需要依次按下多个字母键输入拼音，并从候选字表中选择一个候选字，才算真正完成了单个字符的键入。韩国用户在输入韩语时，也同样需要使用键盘键入多次才能输入一个字符。来自美国（或其他英语国家）的应用程序如果没有考虑这一点（例如在用户按下某个字母键后强行打断用户的输入状态），就可能给中国用户带来不便。

例如，OS X El Capitan 中的 Spotlight 搜索功能和中文输入法的兼容性就做得不够好。在使用 Spotlight 搜索时，用户输入搜索关键词后可按下 Enter 键，以关闭 Spotlight 搜索框并打开用户当前选中的搜索结果项。在输入英文字符时，一次键盘敲击会固定输入一个字母，所以这样设计是没有问题的。然而，在使用中文的汉语拼音输入法时，一个中文字符需要经过多次键盘敲击，并选择一个候选字后，才算作输入完成。不幸的是，OS X 中文输入法的默认选字按钮也是 Enter 键。Spotlight 在处理“按下 Enter 键完成搜索”这一功能时并没有考虑这一问题，导致中国用户在使用 Spotlight 搜索时，本意是按下 Enter 键确认候选字，却意外关闭了整个 Spotlight 搜索框，如图 9-12 所示。

7 无法正确处理运行时动态生成的文本

除了静态文本之外，一个应用程序的界面中往往会包含大量在运行时根据多种条件“动态”生成或拼接的文本。例如，一段警告或错误提示中，可能包含错误代码、用户的具体设置、用户的个人数据，以及当时的时间等。由于不同语言的文法、语法差异巨大，如果相关代码编写考虑不周，翻译后的文本很可能会包含各种各样的语法问题，甚至语序混乱、文不达意，难以阅读。

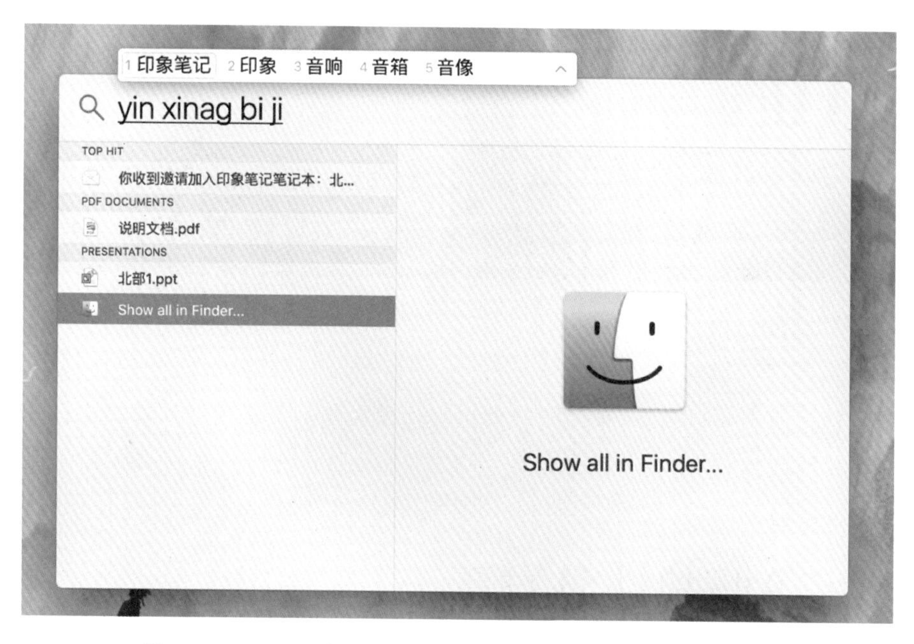

图 9-12 Mac OS 的 Spotlight 搜索与中文输入法的兼容性问题

习题

1. 软件的国际化和本地化分别代表什么含义？二者有什么区别与联系？

2. 什么是软件的“可本地化性”？如何对软件的可本地化性进行测试？

3. 挑选一种你熟悉的开发框架或平台，简述进行应用国际化和本地化的主要技术流程。

第10章 用户界面设计示例

本章将通过两个项目实例,来说明软件工程过程中用户界面设计所参与的环节、需要进行的工作以及完成步骤。

10.1 企业邮件分发系统

10.1.1 原始说明

本项目的需求是设计并实现一个企业邮件分发系统。原始描述如下。

随着互联网技术的发展和普及,电子邮件(E-mail)已成为日常工作和生活中的重要沟通工具。早期的电子邮件主要用于个人之间的交流,如今,企业之间的电子邮件应用也变得非常普及。对于中小企业而言,一般申请一个代表企业的公共邮箱,所有与企业的交互都通过该邮箱完成。然而,由于邮件内容可能会涉及不同的业务,需要转交给企业内的不同人员进行处理,并由其进行回复。在这种背景下,单一企业邮箱面临着诸多问题。

1 企业邮箱邮件较多,任何处理邮件的人都需要浏览所有的邮件,并找到自己的邮件进行处理,极大地降低了邮件的处理效率。

2 企业邮箱中的部分邮件可能涉及企业秘密,这些邮件应只能由部分用户访问,但目前公共邮件系统无法进行此类权限控制。

3 由于涉及企业形象,有些邮件普通用户并不能直接回复,其准备好回复的内容后,可能需要上级用户进行审核后才能回复,这也是现有的邮件系统无法支持的业务模式。

为此,现需要面向中小企业开发一套电子邮件处理系统,实现电子邮件的接收、分发和处理等业务。本系统主要面向三类业务用户。

1 邮件分发人员:企业内部专门设立的邮件岗,接收企业邮箱的所有邮件,并根据邮件的主题和内容进行分发,将邮件分发给相应的处理人员。

2 邮件处理人员:企业内部的业务用户,处理分发给他的各类邮件,并根据需要进行回复。

3 邮件审核人员:对于部分回复的邮件进行审核,审核后才可以发送给最终用户。

为了便于进一步理解系统的业务要求，下面针对三类用户的各个功能进行简要地介绍。

1 邮件分发人员

这类人员是根据该系统业务要求新设立的角色，主要的功能包括如下。

▶ 接收邮件的分发：针对企业邮箱接收到的邮件进行分发，一般根据邮件的主题和内容，分发给不同业务部门相应的用户。为了便于邮件的处理，可以在分发时为邮件添加相应的主题标签，这些标签在整个业务系统处理过程中均可见。同时，针对有时效要求的邮件，还可以指定处理的时间。分发时可以分发给多个用户，并可以指定其处理或查阅权限。

▶ 邮件处理时限监控：可以监控所有分发邮件的处理情况，对于有时限要求的邮件，可以给该邮件的处理用户发送催促的通知，以通知该用户尽快处理。

▶ 主题标签的管理：根据企业自身的业务特定需要，可以定义不同种类的主题标签，以便邮件的分发和处理。

▶ 邮件处理统计：以图形和报表的方式统计邮件收发情况、邮件处理时长等基本的统计信息。

2 邮件处理人员

这类用户是企业内部的业务用户，他们根据邮件的内容进行各类业务处理，并决定是否回复邮件，其主要的功能包括如下。

▶ 阅读邮件：查阅分发给自己的邮件，根据邮件的要求完成相应的业务工作，对于不需要回复的邮件，直接标注为已处理即可。

▶ 回复邮件：对于需要回复的邮件，通过该系统撰写回复邮件。当回复邮件不需要高层用户审核时，则可直接发送给用户；否则应转交给邮件审核用户进行审核。每个业务人员都有默认的邮件审核人员，也可选择其他审核人员进行邮件审核。

▶ 转发邮件：当用户发现某邮件不应该由自己处理时，可以将邮件转交给其他用户进行处理，如果无法明确可处理的用户，则退回给邮件分发人员，由邮件分发人员重新分发。

▶ 撰写邮件：此类用户还可以根据自己的业务需要，主动给外部用户撰写并发送邮件。

▶ 查询邮件：用户可以查询自己所有的已处理邮件，包括发送和接收的邮件。

3 邮件审核人员

这类用户一般为企业的高层用户，针对一些重要的邮件进行审核，其主要功能包括如下。

▶ 审核邮件：审核邮件处理人员转交的邮件，审核通过后邮件即可发送给外部用户，审核不通过的邮件退回给邮件处理人员重新处理。审核时可以填写处理意见。

4 其他要求

除了上述业务功能外，邮件处理系统还应满足以下要求。

▶ 应提供基本的用户、角色和权限管理功能。

▶ 应可以在系统中设置企业邮箱的基本信息，如邮箱地址、POP服务器、SMTP服务器等，设置成功后，将自动收取来自该邮箱的所有邮件，并保存到本系统中，从而进行后续处理；需要注意的是，邮件收取成功后并不删除邮件服务器中的邮件，而且每次只收取新的邮件。

▶ 邮件应支持HTML富文本格式，邮件内容可能包含表格、图片等，并支持各类附件，还需要注意对各类邮箱(应至少包括北航、163、QQ)的兼容性进行测试。

▶ 应可在系统中配置各类邮件模板，邮件模板中应可动态配置收件人姓名、发件人姓名、发送日期等基本信息；用户撰写和回复邮件时可以选择相应的模板。

▶ 发送邮件时可能出错，需要对此进行处理。建议发送邮件由单独的后台程序统一处理，用户发送邮件后邮件转入发送队列，后台程序从队列中发送邮件。用户可以监控邮件发送情况。

▶ 对系统性能进行测试，建议在系统中添加不少于10万封邮件(单个用户不少于1万封邮件)后，测试系统的处理性能。

10.1.2 需求分析

用例分析阶段即是将需求进行整理，明确系统要实现的功能。由于软件系统的功能与界面结合十分紧密，用户界面设计往往需要参与需求分析的部分。因为用户与系统交互的接口就是用户界面，因此用户界面需要明确自身要实现的接口，包括输入操作与输出信息等。

通过功能描述的分析，软件需求人员会通过用例图或者用例规约表的形式帮助参与开发的其他人员理解需求。首先，我们得到这个系统功能的整体用例图，如图10-1所示。

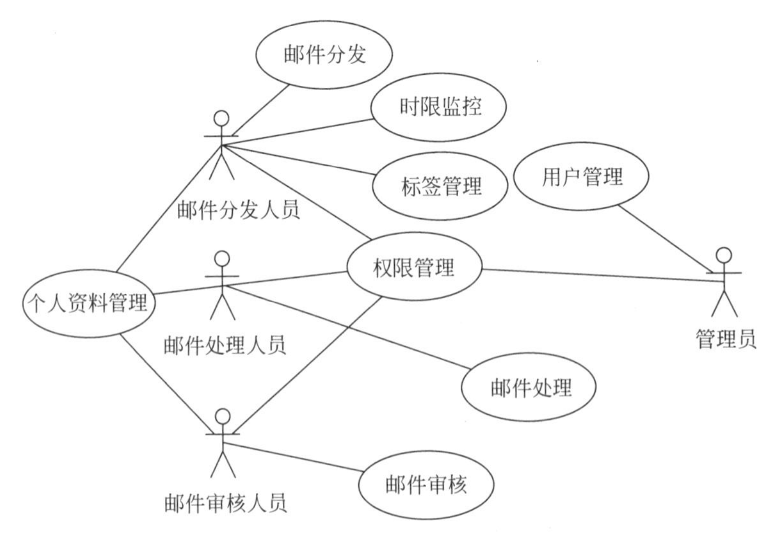

图10-1　系统功能整体用例图

10.1.3　功能设计

根据分析出的功能需求进行功能设计，主要工作首先是将功能需求划分为几个部分，放置在各组功能界面中，之后再进行该界面的功能布局设计，将所有功能需求放入界面中。

1 功能划分

我们可以按照用例来划分，也可以按照角色来划分。此处我们选择以角色来划分，将同一角色的功能划分至一组中。按照这种划分方式，同一个角色的功能将出现在一组用户界面中，不同的角色之间通过切换角色来切换系统的功能。

2 布局设计

根据功能划分，我们确定了以用户角色为标准的划分方式，因此用户界面也将根据角色划分为多个组。为了提高界面的一致性和复用性，进行布局设计时首先提取出这些组之间拥有共性的部分，进行整体大范围的规划。此外，系统的布局应当尽可能照顾用户已有的对邮件处理的操作习惯，因此在设计时可以借鉴市面上广泛使用的邮件处理系统，如图 10-2 所示。

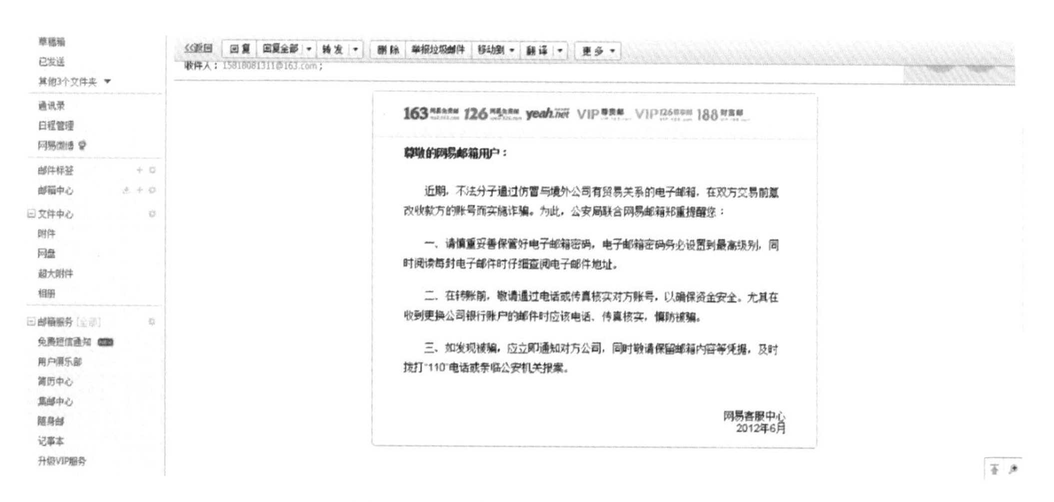

图 10-2　目前网上流行的邮箱布局

所有的用户都需要对邮件内容本身进行查看和处理，因此界面上应有负责显示和处理邮件的区域，划分出邮件的处理区。而这些人员的邮件又有不同的种类，因此在左方划分出导航邮件分类的分类栏。由于系统含有权限管理功能，且权限管理贯彻系统使用的全程，因此划分出用户信息区域以显示当前用户信息以及账号操作等。此外，为方便用户查看多封邮件，可设置页签显示不同的邮件。整体布局草图如图 10-3 所示。

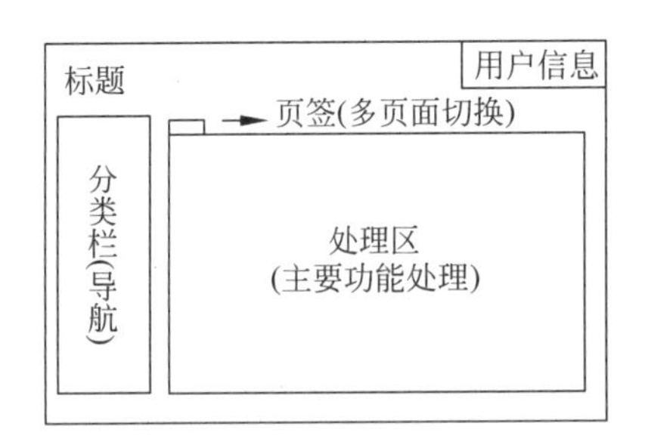

图 10-3　整体区域划分

接下来对处理区进行进一步划分。处理区的任务是显示邮件内容以及进行处理操作，因此，我们可以将处理区划分为上下两个部分，上部用来显示邮件的内容，下部进行因不同角色而异的操作处理。处理区功能草图如图 10-4 所示。

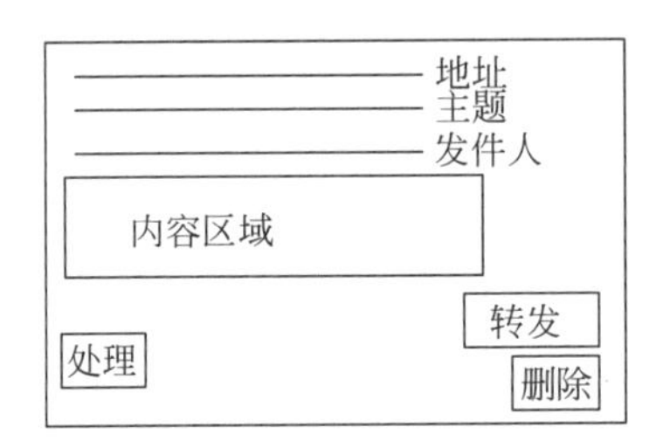

图 10-4　处理区布局划分

分类区在处理时可进一步分为邮件种类与邮件列表。邮件种类包括已处理、未处理、审核失败等不同状态，而邮件列表显示出当前所选分类的所有邮件项。同时，组成邮件列表的邮件项需要进一步显示邮件的大致信息，方便用户快速浏览。分类栏详细布局如图 10-5 所示。

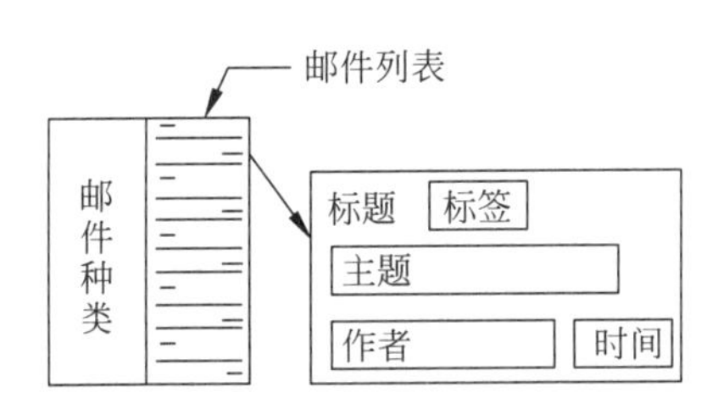

图 10-5　分类栏详细布局

10.1.4　界面设计

有了布局设计之后，可以着手开始网页前端的设计与实现了。由于网页的设计思路较为符合前后端分离的模式，因此，前端可以直接作为用户界面设计来实现。本项目采用样式库进行组件式设计，因此选取适当功能的组件并应用其组件样式构成整体的样式。

Bootstrap 是基于 HTML5 和 CSS3 开发的，它在 jQuery 的基础上进行了更为个性化和人性化的完善，形成一套自己独有的网站风格，并兼容大部分 jQuery 插件。其介绍页面如

图 10-6 所示。

列表组

列表组是灵活又强大的组件，不仅能用于显示一组简单的元素，还能用于复杂的定制的内容。

基本实例

最简单的列表组仅仅是一个带有多个列表条目的无序列表，另外还需要设置适当的类。我们提供了一些预定义的样式，你可以根据自身的需求通过 CSS 自己定制。

实例：

Cras justo odio

Dapibus ac facilisis in

Morbi leo risus

Porta ac consectetur ac

Vestibulum at eros

复制

```
<ul class="list-group">
  <li class="list-group-item">Cras justo odio</li>
  <li class="list-group-item">Dapibus ac facilisis in</li>
  <li class="list-group-item">Morbi leo risus</li>
  <li class="list-group-item">Porta ac consectetur ac</li>
  <li class="list-group-item">Vestibulum at eros</li>
</ul>
```

Glyphicons 字体图标
下拉菜单
按钮组
按钮式下拉菜单
输入框组
导航
导航条
路径导航
分页
标签
徽章
巨幕
页头
缩略图
警告框
进度条
媒体对象
列表组
基本实例
徽章
链接
Button items
被禁用的条目
情境类
定制内容
面板
具有响应式特性的嵌入内容

图 10-6　Bootstrap 介绍页(组件化设计，功能与样式紧密结合)

它的样式库所提供的组件样式本身较为符合当代年轻人与公司白领的使用习惯，整体布局风格宽敞，偏向于扁平化，且样式统一，以此构建的界面风格基本满足用户界面设计的需求。

此外，样式库中的样式组件基本包含了交互逻辑的响应，例如，按钮被单击时的响应，加载界面时的进度，页签被选中的状态等，节省了不少设计与开发的时间。

组件放置完毕后，可以进行配色方案的设计。为了区分并提示当前不同的用户角色，用户界面设计为多套不同的配色方案，用户登录到系统中之后便可一目了然当前的用户角色，如图 10-7 和图 10-8 所示。

图 10-7　系统登录界面效果

图 10-8　组件化开发后系统实际效果

前端设计完成，既可以继续在基础上添加交互逻辑代码以完成实现工作，又可以帮助用户和设计者沟通需求，进一步完善设计使之更加符合用户的心理期望。由于本项目是演示项目，后续功能的实现在此不做赘述。

10.2 读书分享系统

第二个示例沿用第一个示例的设计流程，但不再赘述各步骤的意义与详细过程。

10.2.1 原始说明

某大学的软件学院举办了读书会活动，每周导师带领同学们进行阅读和讨论。学校希望开发一套配合读书会活动的系统，以方便整体活动的进行和成果深化。

系统中要有供导师和学生登录注册的接口，并根据角色的不同分别提供如下功能。

(1) 导师：导师是系统的核心用户，需要发布信息及参与讨论。

(2) 学生：学生阅读导师推荐的书籍并做出讨论。

(3) 管理员：管理员负责维护系统正常运作。

不同角色的功能需求如下。

1 导师

▶ 导师是一个圈子的核心，圈子由导师及其所带学生自动组成，平台的系统可以自动划分消息，将导师的消息及时传递给自己的学生。

▶ 与现实教学中的传道授业相似，交流平台中的导师可以在网站上推荐自己觉得比较

好的图书、点评学生的读书感悟等。但网络的氛围更加轻松愉快，更有利于师生的交流。

- 与现实中不同，网络上导师可以不用局限于某个地点、某段时间与学生进行交流，这样就打破了这所大学的两个校区之间距离的隔阂。
- 导师拥有管理维护个人主页空间的权限，同时导师还有维护圈子的权限，导师还有与普通阅读者一样的查看书库等权限。

2 学生

- 平台中学生的角色，能且只能拥有一名导师（配合软件学院导师制），可以拥有多名同学及好友。在网站中，可以向导师提问，可以在自己的主页中分享自己读书的心得体会，并且接受他人的点评。
- 平台做好之后，可以成为学生们交流思想与感悟的地方。
- 学生拥有维护个人空间、查看书库等权限，同时学生还有被导师加入创建的圈子内并参与活动和讨论的权限。

3 管理员

- 在本网站中，管理员是拥有绝对权限的人员，用于维护管理整个网站的稳定性和安全可靠性，确保网站不出现不符合当前法律规定的内容。
- 管理员的权限包括删除不符合法律规定的用户、论坛、日志、书籍以及书评。

4 其他需求

- 安全性。本项目应尽量提高数据传输的安全性，确保用户的隐私和资料万无一失。使用安全链接加强保密性，通过防火墙防止木马和病毒的入侵。
- 可靠性。本项目应保证网站管理人员、导师和学生访问网站时都能正常操作。
- 灵活性。本项目应支持多种客户端登录，并且支持后续更新。

10.2.2 需求分析

从原始需求中我们可以分析得到系统所要实现的功能，此次我们根据描述获得此系统的整体模块图如图 10-9 所示。

10.2.3 功能设计

1 功能划分

将这些模块进行进一步的划分，我们可以得到详细的模块结构，如图 10-10 所示，这也会作为我们对功能进行划分的依据。

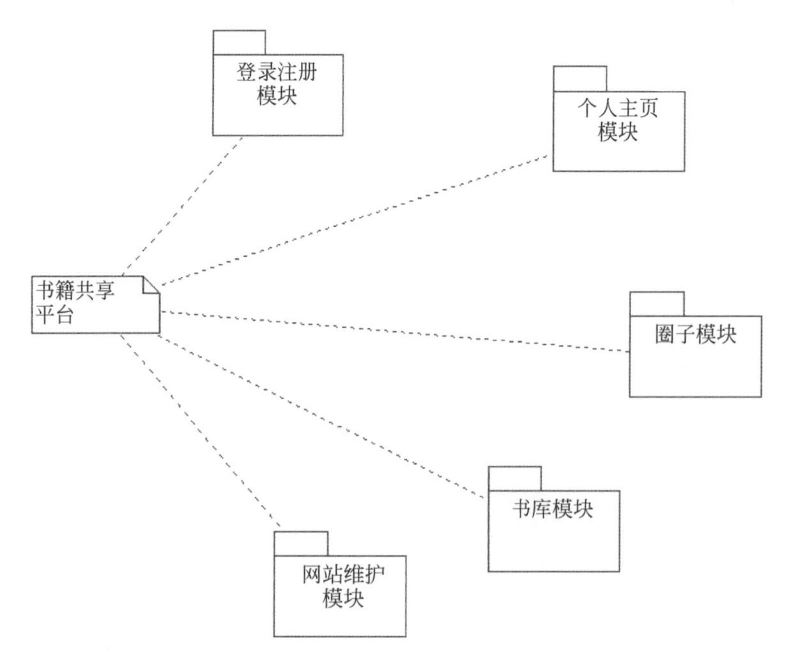

图 10-9　读书分享系统的功能模块图

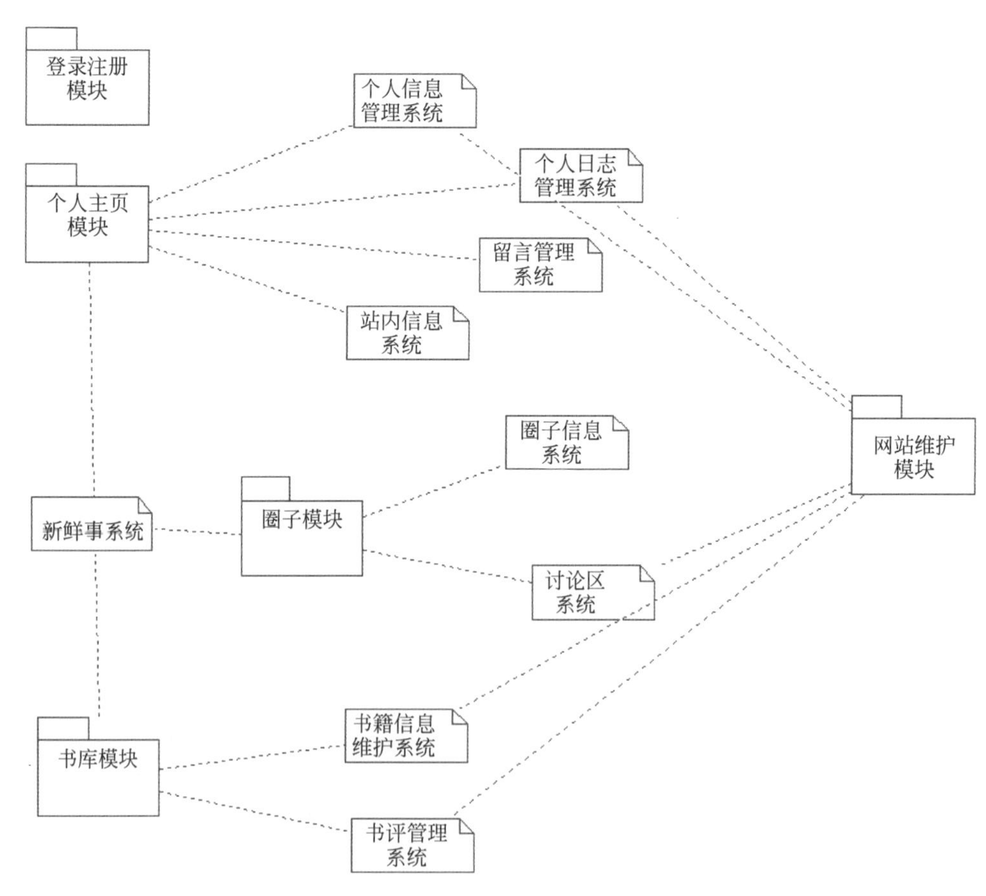

图 10-10　功能模块详细设计

2 布局设计

网站采用经典的边栏式布局,左边栏作为导航作用,而右方功能区作为主要展示内容和提供信息的区域。右上角设计导航标签,可以在多个功能区中切换,整体设计草图如图 10-11 所示。

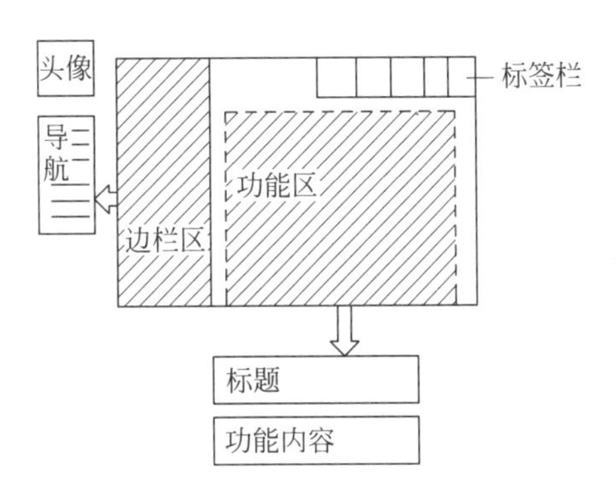

图 10-11 读书分享系统设计草图

10.2.4 界面设计

为响应年轻人的审美潮流,本次系统采用多彩色和扁平化的设计风格。因此控件样式和配色方案也应契合这个设计思路。将草图设计实现后的效果如图 10-12 和图 10-13 所示。

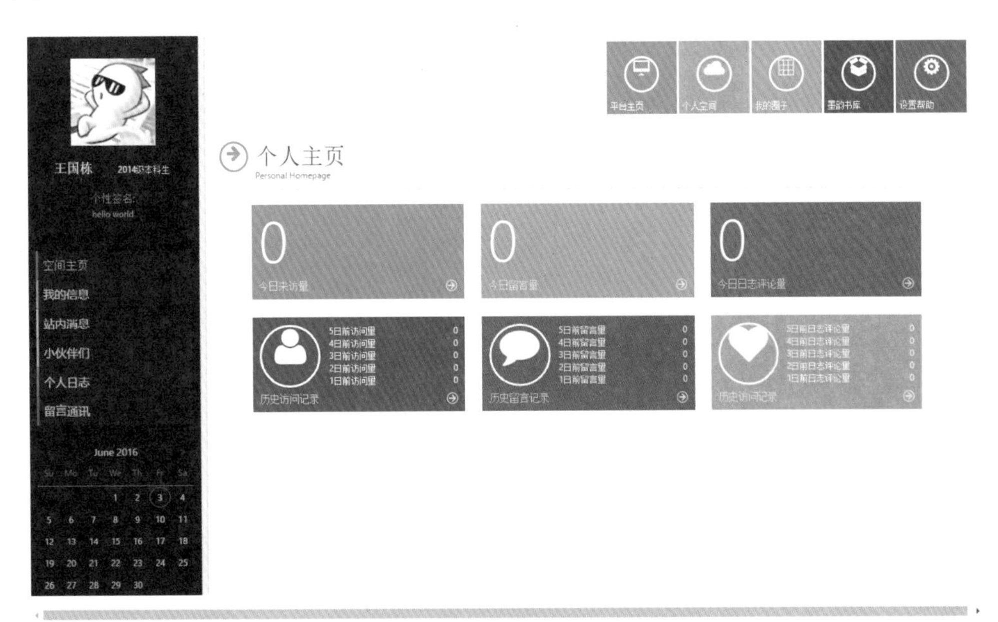

图 10-12 读书分享系统个人主页

图 10-13　读书分享系统个人信息

参考文献

[1] Avram Joel Spolsky. User Interface Design for Programmers. New York City：Apress，2001.

[2] Jeff Johnson. G用户界面设计禁忌2.0.盛海艳，等译.北京：机械工业出版社，2008.

[3] Eric Butow.用户界面设计指南.陈大炜，孙志超，译.北京：机械工业出版社，2008.

[4] 王赛兰.计算机图形用户界面设计与应用.北京：北京大学出版社，2014.

[5] Nadine Kano. Developing International Software，2nd Edition. Seattle：Microsoft，2003.

[6] 刘合云.功能与形态和谐美的艺术设计理念.艺术教育，2007(6)：109-109.

图书资源支持

感谢您一直以来对清华版图书的支持和爱护。为了配合本书的使用，本书提供配套的素材，有需求的用户请到清华大学出版社主页(http://www.tup.com.cn)上查询和下载，也可以拨打电话或发送电子邮件咨询。

如果您在使用本书的过程中遇到了什么问题，或者有相关图书出版计划，也请您发邮件告诉我们，以便我们更好地为您服务。

我们的联系方式：

地　　址：北京海淀区双清路学研大厦 A 座 707

邮　　编：100084

电　　话：010-62770175-4604

资源下载：http://www.tup.com.cn

电子邮件：weijj@tup.tsinghua.edu.cn

QQ：883604(请写明您的单位和姓名)

扫一扫

资源下载、样书申请

新书推荐、技术交流

用微信扫一扫右边的二维码，即可关注清华大学出版社公众号“书圈”。